Materiales y servicios en tapicería

Rosario Rodríguez Baliña

ic editorial

Materiales y servicios en tapicería
Autor: Rosario Rodríguez Baliña

1ª Edición

Editado por: IC Editorial
Avda. El Romeral, 2. Polígono Industrial de Antequera
29200 ANTEQUERA, Málaga
Teléfono: 952 70 60 04
Fax: 952 84 55 03
Correo electrónico: iceditorial@iceditorial.com
Internet: www.iceditorial.com

ISBN: 978-84-15848-57-8
Depósito Legal: MA-470-2013

Impresión: PODiPrint
Impreso en Andalucía – España

Nota de la editorial: IC Editorial pertenece a Innovación y Cualificación S. L.

Presentación del manual

El **Certificado de Profesionalidad** es el instrumento de acreditación, en el ámbito de la Administración laboral, de las cualificaciones profesionales del Catálogo Nacional de Cualificaciones Profesionales adquiridas a través de procesos formativos o del proceso de reconocimiento de la experiencia laboral y de vías no formales de formación.

El elemento mínimo acreditable es la **Unidad de Competencia.** La suma de las acreditaciones de las unidades de competencia conforma la acreditación de la competencia general.

Una **Unidad de Competencia** se define como una agrupación de tareas productivas específica que realiza el profesional. Las diferentes unidades de competencia de un certificado de profesionalidad conforman la **Competencia General,** definiendo el conjunto de conocimientos y capacidades que permiten el ejercicio de una actividad profesional determinada.

Cada **Unidad de Competencia** lleva asociado un **Módulo Formativo,** donde se describe la formación necesaria para adquirir esa **Unidad de Competencia,** pudiendo dividirse en **Unidades Formativas.**

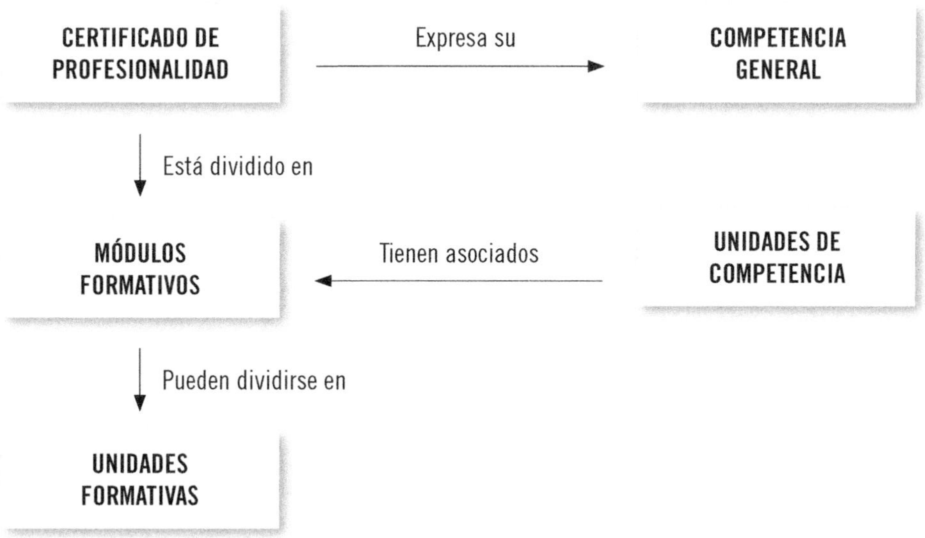

El presente manual desarrolla el Módulo Formativo **MF0428_1: Materiales y servicios en tapicería,**

asociado a la unidad de competencia **UC0428_1: Atender al cliente y realizar el aprovisionamiento para procesos de tapizado,**

del Certificado de Profesionalidad **Operaciones auxiliares de tapizado de mobiliario y mural.**

MF0428_1

MATERIALES Y SERVICIOS EN TAPICERÍA

Tiene asociado el ←

UNIDAD DE COMPETENCIA UC0428_1

Atender al cliente y realizar el aprovisionamiento para procesos de tapizado

FICHA DE CERTIFICADO DE PROFESIONALIDAD

(TCPF0209) OPERACIONES AUXILIARES DE TAPIZADO DE MOBILIARIO Y MURAL (R. D. 722/2011, de 20 de mayo)

COMPETENCIA GENERAL: Desguarnecer, preparar, ensamblar y montar tapizados de mobiliario y mural, aplicando las técnicas y procedimientos requeridos en cada proceso, de forma autónoma y en su caso, bajo la supervisión de un responsable, logrando artículos con la calidad requerida en condiciones de seguridad y respeto medioambiental, en los plazos previstos.

Cualificación profesional de referencia	Unidades de competencia		Ocupaciones o puestos de trabajo relacionados:
TCP136_1 OPERACIONES AUXILIARES DE TAPIZADO DE MOBILIARIO Y MURAL (R. D. 1087/2005, de 16 de septiembre)	UC0428_1	Atender al cliente y realizar el aprovisionamiento para procesos de tapizado	• 7835.1035 Tapicero de muebles • Tapicero artesanal, en general • Tapicero de vehículos • Entelador
	UC0429_1	Realizar el desguarnecido, preparación y montado del tapizado en mobiliario	
	UC0430_1	Realizar el enmarcado, guarnecido y entelado de paredes, y tapizado de paneles murales	

Correspondencia con el Catálogo Modular de Formación Profesional

Módulos certificado	Unidades formativas	Horas
MF0428_1: Materiales y servicios en tapicería		50
MF0429_1: Tapizado de mobiliario	UF1034: Preparación de máquinas de corte, ensamblado y acabado	30
	UF1030: Técnicas básicas de corte, ensamblado y acabado de productos textiles	60
	UF1035: Técnicas de tapizado de mobiliario	60
MF0430_1: Entelado de paredes y tapizado de paneles murales	UF1034: Preparación de máquinas de corte, ensamblado y acabado	30
	UF1030: Técnicas básicas de corte, ensamblado y acabado de productos textiles	60
	UF1036: Técnicas de entelado y tapizado de paneles	40
MP0211: Módulo de prácticas profesionales no laborales		80

Índice

Capítulo 1

Utilización de los productos textiles en tapizado de mobiliario y mural

Contenido

1. Introducción

Los procesos de tapizado de mobiliario así como todos aquellos relacionados con el recubrimiento de paredes, techos y superficies murales requieren una serie de materiales específicos para su ejecución.

No solo se trata de tejidos, ya sean naturales o sintéticos sino también se de otros materiales adecuados para dar consistencia y confort, como es el caso de los rellenos; o bien otros elementos apropiados para sujetar esos rellenos y tejidos, como los hilos, los pegamentos y adhesivos; o bien los elementos de fijación como tachuelas, grapas o tornillos. Algunos elementos son meramente decorativos, como es el caso de toda la amplísima gama de cenefas, entredoses y pasamanerías que, en algunos casos, además de decorar sirven para disimular cortes o uniones en el tejido o en el entelado de paredes y techos.

En el capítulo que a continuación se va a desarrollar se van a ver las diferentes clases de tejidos y fibras, sus propiedades y cómo reconocerlas, así como los tipos de tejido más usuales empleados para tapizado y las características especiales de los materiales y rellenos.

2. Tipos de fibras textiles

La fibra textil es el material que tiene un aspecto y condición fibrosa y es susceptible de ser tejido o hilado. Al material que se origina a partir de la manipulación de estas fibras mediante esos procesos de tejido o hilado se le denomina material textil.

Las fibras textiles son de diferentes características, según sea su origen. Pueden ser fibras naturales, artificiales o sintéticas.

2.1. Fibras textiles de origen natural

Como su nombre indica, este tipo de fibras tiene una procedencia natural, es decir, se encuentra en la naturaleza ya en ese estado y mediante un simple proceso físico o químico se convierten en fibras capaces de ser tejidas o hiladas, transformándose más tarde en tejidos propiamente dichos. Según su procedencia pueden ser de origen vegetal, animal o mineral.

Estas fibras tienen un carácter efímero, pues su propia composición hace que se degraden rápidamente, por la influencia de los agentes atmosféricos, sol, humedad o bien los insectos. Por eso se han conservado muy pocos textiles de la antigüedad que puedan aportar datos sobre la ejecución de los mismos, motivos ornamentales o tintes utilizados y, por supuesto, su composición. No obstante, las imágenes que vienen del mundo antiguo como pinturas o relieves desvelan algunas pistas, así como la información que aportan historiadores griegos y romanos y, cómo no, la contribución de las excavaciones arqueológicas. Por último, el estudio de culturas que siguen existiendo en la actualidad y que viven ancladas en épocas primitivas, como es el caso de algunas tribus africanas y otras procedentes del Sudeste Asiático y Oceanía, aportan datos de interés que hacen sospechar cómo debió ser el origen de los tejidos.

Tejido egipcio (Museo del Louvre -Francia-)

? Sabía que...

La lana es conocida en China desde hace casi 5000 años. Se empleó en Occidente a partir de la época del emperador romano Justiniano.

Fibras de origen vegetal

Son fibras que proceden de plantas y especies vegetales. Estas fibras pueden extraerse del fruto de la planta, del tallo, de las hojas, de las raíces, etc. En su composición interviene una sustancia llamada celulosa que se encuentra en las especies vegetales.

Son las fibras más antiguas en cuanto a su utilización, pues ya en el Neolítico se usaban para fabricar tejidos bastos como cestas o esteras.

Son diversas las plantas que dan fibras apropiadas para tejer como es el caso del algodón, lino, cáñamo, esparto, sisal, yute, etc. Hay fibras procedentes de frutos como el kapok o el coco. También otras fibras que proceden del interior de cortezas de árboles o también llamado líber. Estas fibras se utilizan sin tejer, ya que son sometidas a un proceso de reblandecimiento para hacerlas suaves al tacto y poder utilizarlas.

Las fibras textiles naturales y de procedencia vegetal más usuales en tapicería son:

Algodón

El algodón se obtiene de las cápsulas filamentosas que envuelven las semillas de esta planta. Cuando se abren estas cápsulas deben arrancarse y desgranarse de sus semillas para posteriormente ser batidas hasta formar una masa que se hilará en forma de hilos finos o gruesos. Es una fibra excelente para hacer tejidos suaves y resistentes.

Flor de algodón

Sabía que...

El calicó, que es un tejido de algodón que se suele utilizar en tapicería, debe su nombre a la ciudad de Calcuta, en India, pues de allí procedía originalmente este tipo de tejido.

Lino

El lino es una fibra que procede de los tallos de la planta del lino, muy conocido desde la antigüedad para tejidos de buena calidad. El tejido de lino más antiguo que se conserva procede de una excavación arqueológica en Egipto y su antigüedad está en torno a 2800 años antes de Cristo.

En tapicería un elemento que se suele utilizar son las cinchas de asiento y la arpillera, que en un principio eran de lino y más tarde fueron sustituidas por el yute.

Actividades

1. Investigar sobre el proceso de tejido del lino y el algodón.
2. Reflexionar acerca de por qué empezaría el hombre a utilizar los tejidos además de las pieles.

Yute

El yute se obtiene del tallo de una planta tropical. Es una fibra resistente, de excelentes propiedades aislantes y absorbentes. Es poco transmisora del calor y se utiliza en el confección de arpilleras, cinchas y también de tejidos gruesos que se utilizan para tapizar.

Abacá

Es una fibra natural que también se conoce como **cáñamo de Manila.** Tradicionalmente se usaba para la confección de cordeles, cuerdas hilos de bramante y los tradicionales sobres de papel Manila.

Nota

El abacá es una planta herbácea de gran porte, de la familia de las musáceas, nativa de las Filipinas.

Cáñamo

Procede de la planta *Cannabis Sativa.* Es una planta que puede alcanzar hasta cuatro metros de altura. Tradicionalmente se ha usado para la elaboración de cordelería, tejidos recios como la lona o en otros tejidos mezclado con otras fibras como el algodón.

Sisal

Es una fibra que se obtiene del *Ágave Sisalana* y es oriunda de México, aunque está introducida en otros países con un clima similar. Es una fibra basta y robusta, no apta para confección de tejidos pero sí para esteras, alfombras y tejidos de recubrimiento.

Tejido de sisal

Ramio

El ramio es una planta que tradicionalmente se ha usado para hacer cordeles. Es similar al lino pero más brillante. También se la conoce como **lino de China** y se usa sola o mezclada con otras fibras para hacer tejidos.

Crin vegetal

Es una fibra vegetal que se fabrica a partir de la hoja del palmito o palmera, ciertas algas y musgo. Tiene un aspecto verdoso. Se utiliza en rellenos de sofás y sillones.

Fibra de coco

Como su nombre indica procede de los filamentos que se extraen del fruto del coco. Es una fibra vegetal, transpirable y cómoda. Es más fina que la crin vegetal. Si esta fibra está formada por filamentos largos se la llama bonote. Se utiliza sobre todo para rellenos de asientos y muebles tapizados.

Miraguano o kapok

Es una fibra fina de aspecto algodonoso procedente del fruto de un cierto tipo de árboles. Estas fibras no son aptas para tejer, pero sí para material de relleno. En los países anglosajones se le conoce como kapok.

Nota

El miraguano o kapoc procede de los frutos de Ceiba pentandra de Java y varias especies del género Bombax que se cultivan en Sri Lanka (antiguo Ceilán).

Fibras naturales de origen animal

El otro gran bloque de fibras naturales lo constituyen aquellas que tienen una procedencia animal. Generalmente constituyen la piel o el pelo que cortado y debidamente procesado se utiliza para confeccionar tejidos o hacer rellenos.

De los primeros los más conocidos son:

Lana y pelo

La lana o pelo de ciertos animales sirve para hacer tejidos. La diferencia radica en que la lana es un tipo de pelo rizado y el pelo no. La lana de oveja es la más común. El pelo más utilizado para tejer es de alpaca y vicuña, de camello, el cachemir, que es el pelo de la cabra del Himalaya o cabra Kasmir, y el mohair, que es el pelo de la cabra de Angora, originaria del Himalaya pero que se cría en Turquía y en la actualidad en Sudáfrica y Estados Unidos.

Las lanas y pelos de buena calidad se reservan a tejidos apropiados para confección, mientras que la lana de inferior calidad se utiliza para rellenos, esteras y alfombras y mantas. También para rellenos térmicos y acústicos.

Seda

La seda es la fibra animal que procede de las excreciones del gusano o de la mariposa de la seda. La industria que se dedica a manufacturar la seda se denomina sericultura. Desde tiempos inmemoriales fueron los chinos los que manejaron a la perfección esta industria y por ello esos tejidos eran muy codiciados en occidente. La seda se origina en los capullos que estos gusanos hacen antes de convertirse en mariposa y que mediante un tratamiento específico son manipulados para extraer este hilo. Si se hilan varios juntos dará cierto grosor al tejido y lo hará más pesado. La seda es un tejido lujoso y si se aplica en tapizados es para muebles muy exclusivos o tapizados de muebles lujosos y suntuarios.

Capullos de seda

En cuanto a los rellenos, estos también pueden ser de fibras animales como:

Crin

Pelo de algunos animales, como por ejemplo de caballo. Se utiliza para relleno de tapicería y acolchados.

Pelote

Pelo de cabra que se utiliza para relleno en tapicería.

Actividades

3. Indicar diferencias entre un tejido de origen vegetal y otro animal.
4. Investigar qué relación puede haber entre las estaciones del año y los tejidos hechos a partir de fibras animales o vegetales.

Fibras naturales de origen mineral

Son fibras procedentes de elementos minerales o químicos presentes en la naturaleza y que tras un proceso de transformación, a veces ciertamente complicado, llegan a convertirse en fibras entrelazables capaces de ser tejidas, aunque la mayoría sirven para formar telas de las llamadas "no tejidas".

Las principales fibras que forman estos tejidos y rellenos para paredes y techos, además de otros usos, son:

Fibra de vidrio

La fibra de vidrio se origina a partir de vidrio convertido en delgadísimos filamentos. Estos filamentos mezclados con resinas, plásticos y otros compuestos originan tejidos muy resistentes y utilizados en tapicería y confección de cortinas y estores. También se usa en forma de colchoneta como aislamiento térmico y acústico.

Fibra de amianto o asbesto

Proceden de silicatos de magnesio, hierro y calcio. Se asocia a otras fibras sintéticas como rayón y poliéster para hacer tejidos ignífugos. En la actualidad está en desuso pues su utilización se asocia a patologías cancerosas. Su uso está prohibido en muchos países industrializados pero aún se utiliza en países en vías de desarrollo.

Asbesto

Definición

Asbestosis
Enfermedad pulmonar crónica producida por la inhalación repetida del polvo del asbesto o amianto.

Fibra cerámica

Se compone básicamente de alúmina sílica. Es un material frágil pero que sustituye al asbesto o amianto en cuanto a aislamiento térmico y se comercializa en colchonetas, papel o tejidos de varios grosores y densidades, soportando temperaturas de hasta 1600 °C (según densidad y formato).

Fibra metálica

Es la que se origina a partir del estiramiento y laminado de metales. Este tipo de fibras reduce su utilización a tejidos técnicos y suntuarios dedicados preferiblemente a confección y calzado.

2.2. Fibras artificiales y sintéticas

Las fibras artificiales son aquellas que están elaboradas por el ser humano o bien a partir de sustancias naturales, pero en ningún caso se pueden encontrar como tales en la naturaleza.

Las fibras sintéticas son aquellas que se obtienen químicamente y proceden en su mayoría de derivados del petróleo.

A diferencia de las fibras naturales tienen una mayor resistencia a la corrosión y otros agentes, pero también su eliminación en la naturaleza es difícil y costosa y a menudo su desecho perjudica al medioambiente, sobre todo las sintéticas.

Todas estas fibras artificiales están asociadas a la industrialización pues las primeras fibras fueron inventadas a principios del siglo XX.

Como su producción es industrial, esto originó que se abarataran costes y sustituyeran a fibras naturales tradicionales o bien se mezclaran con estas.

Fibras artificiales

En su origen se utilizan elementos que proceden de elementos naturales como la celulosa (vegetales), en el caso del rayón o la viscosa, proteínas animales, como la caseína (leche) en el lanital, y proteínas vegetales (maíz y cacahuete), en el ardil.

Nota

El lanital se fabrica a partir de la caseína de la leche (cuajada) disuelta en sosa cáustica. Se emplea para fabricar toquillas y géneros de punto.

Hay muchas fibras artificiales pero las más conocidas son:

Viscosa

Se origina a partir de la celulosa procedente de pulpa de madera o de fibra de algodón que es tratada mediante un proceso químico con lejía de sosa. Se inventó a principios del siglo XX y sus aplicaciones fundamentalmente van orientadas a la confección de tejidos, esponjas y absorbentes, hilos para bordado y decoración.

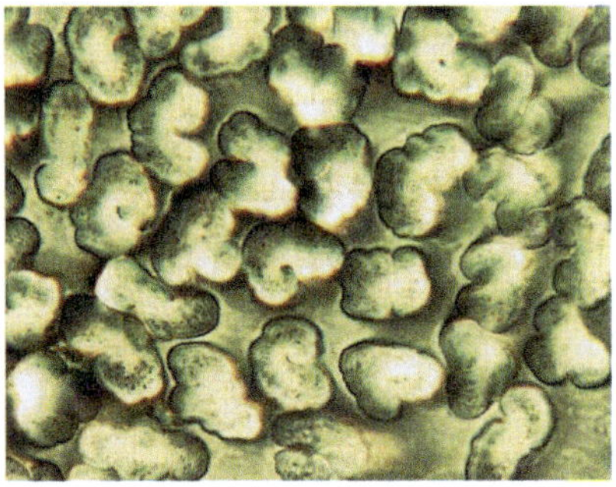

Corte transversal de las fibras de viscosa vistas al microscopio

Acetato

También tiene un origen celulósico. Su aspecto es brillante, parecido a la seda, inarrugable, pero es una fibra termoplástica y sensible a los ácidos y alcalís.

Rayón

Se obtiene mezclando viscosa con acetato. Se la conocía como seda artificial, se utilizaba de la misma manera que esta y se empezó a producir hacia 1904. En 1912 empezaron a fabricarse los primeros géneros de punto de esta fibra, así aparecieron las primeras medias que no eran de seda, y se utilizó en ropa interior, camisería y todo tipo de confección hasta mediados de los años 70, desbancada por otras fibras procedentes de derivados del petróleo.

Fibras sintéticas

Son fibras sintéticas aquellas que se obtienen uniendo moléculas de elementos simples llamados monómeros para formar elementos compuestos que se llamarán polímeros.

Hay muchos tipos según sea el tipo de compuesto que origina ese polímero. Las más importantes:

Acrílicas

Son las que se originan a partir de un polímero llamado acrilonitrilo patentado en Alemania en 1893. Son muy resistentes y se utilizan en tejidos de punto junto a la lana. Ejemplo: Leacril.

? Sabía que...

Leacril es el nombre comercial de una fibra textil sintética de poliacrilonitrilo. Es una marca de la empresa multinacional italiana MonteFibre.

Poliéster

Es el resultado de la reacción química de un ácido con alcohol. El poliéster es una fibra que se utiliza para confección de sábanas, camisas y otras prendas de vestir. Es inarrugable. Se utiliza sola o mezclada con otras fibras. Ejemplo: tergal.

Tejido de poliéster

Poliamida

Es una fibra que se descubrió por casualidad y salió al mercado en 1938.

Es una fibra que se suele utilizar en tejidos técnicos, géneros de punto y como mezcla con otras fibras. Hay muchas variedades, según el uso pero la más conocida es el nailon.

Polietileno

Es el polímero más simple y tiene una aplicación bastante amplia según sea su tratamiento: extrusionado, expandido, laminado, etc. Ejemplo: Sarán, que se usa para hacer mallas de sombra y mezclado con otras fibras en moquetas o tejidos para tapicería.

Poliuretano

En general es una mezcla de dos tipos de polímeros: poliol e isocianato; y la combinación y proporción de ambos varía obteniéndose distintas densidades y texturas. En general, se utiliza en su forma de espuma, como relleno para tapicerías o acolchados. Como fibra, los tejidos que se elaboran son elásticos y duraderos. Un ejemplo es la Lycra.

Actividades

5. Buscar la razón del inicio de la investigación y fabricación de las fibras textiles sintéticas.
6. Señalar la diferencia que existe entre una fibra sintética y otra artificial.

Aplicación práctica

En su taller de tapicería y decoración usted quiere poner orden en el almacén donde tiene tejidos para tapizar, clasificándolos según su composición. Cada pieza tiene una etiqueta que pone su composición. ¿Cómo lo haría?

Estas son las etiquetas:

1	2	3
100% Lino	100% Poliéster	50% Yute 50% Cáñamo
4	5	6
Rayón 100%	50 % Lino 50% Seda	Acetato 10% Rayón 80%
7	8	9
50% Viscosa 50% Algodón	25% Poliamida 25% Acrílico 50% Poliéster	100% Algodón

Continúa en página siguiente >>

<< Viene de página anterior

SOLUCIÓN

A un lado se pondrán las fibras naturales, que serán las de las etiquetas 1, 3, 5 y 9.

A otro lado se pondrán las sintéticas. Etiquetas 2 y 8.

En un tercer bloque se colocarán los tejidos de fibras artificiales como son los de las etiquetas 4 y 6.

La etiqueta 7 al ser un tejido de mezcla de dos componentes distintos tendría una clasificación diferente, pero teniendo en cuenta que es algodón y viscosa (fibra artificial de origen natural-vegetal) la colocaría con las naturales.

---

3. Propiedades de las fibras textiles

Cada fibra, según sea su composición y naturaleza, tiene unas propiedades distintas que las hace diferentes de las demás.

Se pueden agrupar en distintos bloques según su composición, si bien es cierto que cada fibra es individual y sus características son particulares.

A grandes rasgos se pueden clasificar de la siguiente manera:

3.1. Propiedades de las fibras naturales de origen vegetal

Como el algodón, lino, cáñamo, yute, etc. Son resistentes, antialérgicas, frescas, de fácil teñido y tejido, a excepción de otras fibras como el coco o el bonote. Tienen un gran porcentaje en la absorción de la humedad, siendo lavables y transpirables. Algunas como el algodón encogen si no están tratadas. Los tejidos hechos con estas fibras son resistentes al calor y arden en contacto con una llama, desprendiendo un olor a papel quemado y quedando residuo de cenizas. Como inconveniente, se arrugan con facilidad y tardan en secarse.

3.2. Propiedades de las fibras naturales de origen animal

Como la lana, pelo o seda. Tienen la particularidad de que retienen el calor y a la vez son transpirables (pelo y lana). Son duraderas, elásticas y resistentes, y muy apropiadas para tejidos de abrigo o también para la confección de alfombras. Se usan también como relleno o bien aislante térmico y acústico.

La lana no acumula electricidad estática y sus partículas repelen la suciedad. Por su composición puede presentar el "efecto pilling" (bolitas). Es sensible a la temperatura extrema y en condiciones de humedad, calor y efecto mecánico puede encoger hasta la mitad de sus dimensiones.

La seda tiene buena absorción, baja conductividad y tiñe con facilidad. Tiene múltiples usos y es característico su brillo y calidez, a la vez que transpira con facilidad y da sensación de frescor en climas cálidos. No soporta el calor y es sensible a ácidos como el sudor, que la destruye.

3.3. Propiedades de las fibras artificiales

Su comportamiento dependerá en gran medida de la fibra natural que las origine pero básicamente tienen las mismas características que las fibras naturales.

La viscosa es parecida al algodón pero de peor calidad. Absorbe humedad pero se degrada bastante con la luz y el calor directo.

Algunas fibras, como el rayón y acetato, absorben poca humedad pero se cargan de electricidad estática con facilidad. Es conveniente limpiarlas en seco, pues la humedad y los detergentes las estropean. El calor las deforma. Son sensibles a los ácidos y alcalís.

3.4. Propiedades de las fibras sintéticas

Poseen una serie de propiedades comunes como son la sensibilidad al calor, de manera que reaccionan encogiéndose. Son fibras ligeras de peso, de coloración estable y resistentes a la mayoría de agentes químicos; también poseen buena resistencia a la luz solar. Se cargan de electricidad con facilidad, no se arrugan y son resistentes a polillas y microorganismos.

Nota

Una de las ventajas de las fibras sintéticas es que son resistentes a polillas y microorganismos.

Son fibras que tienen una baja absorción de humedad. Las manchas de grasa y aceite deben limpiarse con un quitamanchas específico pues son difíciles de quitar. En ocasiones son sensibles a la formación de bolitas o *pilling*.

Actividades

7. Investigar sobre otras fibras sintéticas y artificiales y describir sus propiedades principales.
8. Comparar las fibras naturales con las sintéticas y estudiar sus pros y contras.

4. Técnicas básicas de reconocimiento de las fibras textiles

Cada fibra textil tiene una serie de características propias como si del ADN de la fibra se tratara. Son distintas en su composición y forma. También son distintos los comportamientos que manifiestan ante determinados agentes físicos o químicos.

Estas tareas son desarrolladas principalmente por los laboratorios encargados del control de calidad de los productos textiles.

Son varias las técnicas que se pueden desarrollar para identificar las fibras que componen un tejido. Estas técnicas están desarrolladas bajo criterios científicos y normalizadas por comités internacionales.

Sin duda, la primera opción que permitirá identificar de qué tejido se trata es la propia experiencia de la persona que se dedica a tal cometido, que permitirá reconocer las características de las fibras por su tacto, aspecto, etc.

Además de esta experiencia adquirida, hay una serie de procedimientos, algunos muy complejos, que se realizan en laboratorios especializados. Dentro de los más básicos se pueden indicar los siguientes:

- **Microscópico.** A través del microscopio, pues cada fibra tiene sus características especiales en cuanto a longitud, formación de las escamas que la cubren, sección, etc.

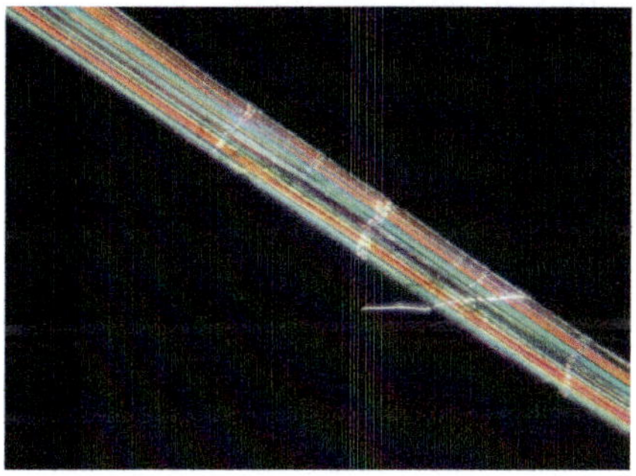

Fibra de lino vista en microscopio electrónico

- **Solubilidad.** Gracias a diversos reactivos químicos se puede saber de qué tipo de fibra se trata, pues se analiza el comportamiento de estas fibras ante determinados agentes ácidos o básicos o disolventes.
- **Coloración.** Mediante una serie de pruebas, como por ejemplo el test Stain4, desarrollado por Du Pont. Mediante este test, se toman fibras de un tejido y se colorean con un pigmento especial según sea su composición. Por ejemplo, el poliéster lo hace en amarillo, la lana lo hace en color café, el nailon en color cobrizo, el algodón en verde, la viscosa en azul, etc.

- **Resistencia a la rotura.** Se somete a las fibras a un procedimiento mecánico de estiramiento y se determina cuál es la resistencia que ofrece a la rotura o tensión de la fibra.
  Nota: la resistencia de las distintas fibras a la rotura es variable, siendo entre las artificiales el nailon más resistente que la licra, y entre las naturales el algodón más resistente que la lana.
- **Punto de fusión y reblandecimiento.** Mediante este proceso se somete a la fibra a calor y se determina cuál es el punto de fusión, es decir, a qué temperatura la fibra se funde y a qué temperatura adquiere una deformación a causa del calor.
- **Combustión.** En el proceso de combustión se acerca a la fibra a una llama viva y se analiza su comportamiento, si arde vivamente o lentamente, cuál es el color de las cenizas y el olor que despide.

En el cuadro que a continuación se puede ver se resumen algunas de las características principales de algunas fibras naturales, artificiales y sintéticas. Sin duda solo son unas fibras y algunos de los valores que se pueden observar, pero hay muchos más y en los tejidos compuestos de fibras distintas esta labor es más difícil de determinar no solo en composición sino en porcentaje de las distintas fibras que componen ese tejido.

Cuadro comparativo de propiedades de algunas fibras							
Tipo de fibra	COMUBUSTIÓN			DISOLUCIÓN	ASPECTO DE LA FIBRA		Coloración Stain 4
	En llama	Residuo	Olor		Corte transversal	Longitudinal	
ALGODÓN	Funde y arde	Cenizas de color gris y aspecto suave	Papel quemado	Soluble en Ácido sulfúrico al 75%	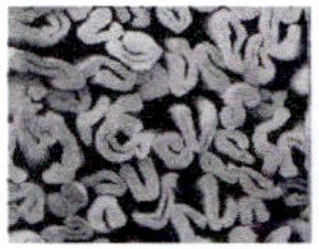		Verde
LANA	Chisporrotea y arde	Residuo de color negro y disgregable	Pelo quemado	Se disuelve completamente en Hidróxido de sodio al 10% (10 min 100ºC)	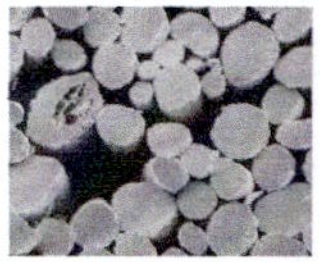	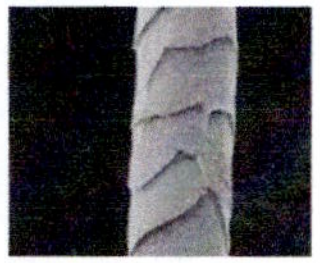	Café
VISCOSA	Arde sin retorcerse	No residuos	Papel quemado	Se disuelve completamente en Ácido sulfúrico al 75% (15 min. 25ºC)		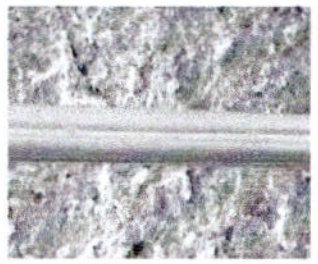	Azul
NYLON	Funde y arde lentamente	Residuo en forma de bolita redondeada y dura	Acre, característico	Se disuelve completamente en Ácido fórmico al 90% (5 min. a temperatura ambiente)	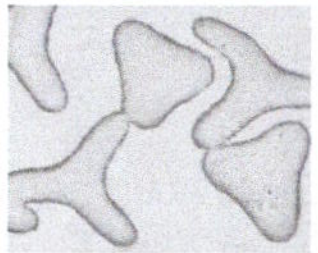		Cobrizo
POLIÉSTER	Funde	Residuo en froma de bolita redondeada y muy dura	Acre, característico	Se disuelve completamente en Metacresol 100%			Amarillo rojizo

5. Los hilos. Características y aplicaciones

Se denomina hilo al conjunto de fibras textiles que se agrupan, torciéndolas y formando una hebra de gran longitud. Este hilo es empleado para tejer y para coser los tejidos. Puede ser continuo o discontinuo (también llamado hilado).

La primera herramienta de hilado la constituyeron las manos humanas, que mediante una torsión simple en un manojo de fibras crearon un hilo que fue luego hilado o bien torcido de nuevo para crear un hilo más grueso.

Los hilos tienen una serie de características específicas, como son la composición, el grosor, la elasticidad, la regularidad, la resistencia, etc., que se expresan mediante unas fórmulas estándar y normalizadas.

La composición, como su nombre indica, se trata del tipo de fibra textil del que está compuesto el hilo y cómo son esas fibras en cuanto a longitud, finura y forma y disposición.

El grosor, o también denominado diámetro, en el caso de los hilos se clasifica mediante la numeración.

La numeración es la relación entre el grosor y la longitud y peso del mismo. Hay dos sistemas fundamentales de numeración:

- **Sistema directo.** En el que cuanto más alto es el número más grueso es el hilo. Hay varios sistemas de medida: la numeración **Tex,** que expresa el peso en gramos de 1 km de hilo; la numeración **Deniers,** que expresa el peso en gramos de 9 km de hilo; la numeración **Lana cardada,** que expresa el peso en gramos de 504 m de hilo; y la numeración **Cuarto de onza, peso** en cuartos de onza (una onza, 1oz = 8,33 gr) de una madeja de 500 canas catalanas (1 cana catalana = 777,5 m).
- **Sistema inverso.** En el que cuanto más alto el número, más fino es el hilo, pues mide la longitud de un peso determinado de hilo. En este sistema puede ser **Métrico,** que es la longitud de un gramo de hilo; **Inglés,** que es la cantidad de madejas de 480 yardas que entran en una libra inglesa (1 yarda = 768 m y 1 libra inglesa = 454 gr); y **Catalán,** que

indica en número de madejas de 500 canas catalanas que entran en una libra catalana (Cana catalana = 777,5 m y libra catalana = 440 gr.)

Nota

La cana o caña es una unidad de longitud ya en desuso, utilizada antiguamente en España en los territorios de la antigua Corona de Aragón, especialmente en Cataluña, si bien también se usó en el sur de Francia.

La resistencia es la longitud máxima que puede alcanzar un hilo antes de romperse si se suspende por uno de sus extremos. Se calcula mediante una fórmula matemática.

El alargamiento es la capacidad que tiene un hilo para estirarse sin que se rompa; la elasticidad es la capacidad que tiene el hilo de estirarse y recuperar su forma una vez se deja de estirar; y la regularidad son las variaciones en el diámetro y como referencia tiene Nudos, Gatas (máximo grosor), Xemics (grueso mínimo) y Neps (fibra enmarañada).

La torsión hace referencia a que las fibras de una longitud tienen que estar ordenadas para formar un hilo y torcerlas para que mediante este número de vueltas sobre sí mismas el hilo adquiera resistencia. Hay dos formas principales de torsión, en **S** y en **Z.** La identificación de los sentidos de torsión se hace observando este verticalmente. A más inclinación de las fibras con respecto al eje del hilo la torsión es más intensa. A veces, en algunos hilos se da en fenómeno de la **retorsión,** que puede ser simple o compuesta. La retorsión simple consiste en torcer entre sí dos hilos simples y la compuesta en torcer entre sí dos hilos ya torcidos.

Esta retorsión dará como resultado hilos de uno o más cabos.

Dos tipos de torsión

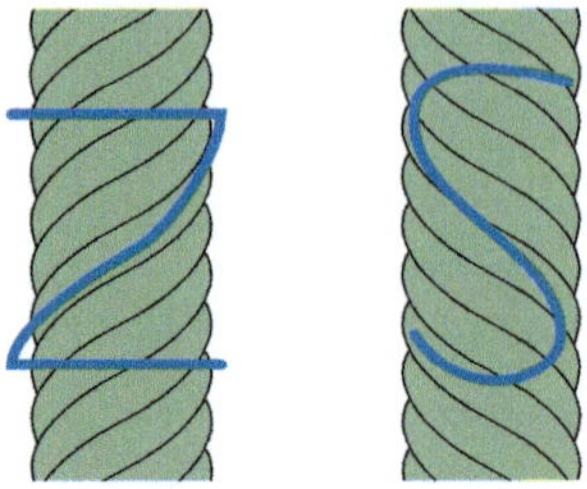

TORSIÓN Z
A la izquierda

TORSIÓN S
A la derecha

El acabado tiene por finalidad conferir al hilo de una serie de características finales de acuerdo con la finalidad que se le vaya a dar, ya sea para tejer o coser. Así los hilos pueden ser blanqueados, tratados químicamente para que sean hidrófilos y pierdan impurezas y permitan el teñido; mercerizados, como con el algodón y lino, siendo un tratamiento brillante a base de hidróxido de sodio; y pulidos, tratados con almidón, texturados, parafinados, etc.

Definición

Mercerizar
Tratar los hilos y tejidos de algodón con una solución de sosa cáustica para que resulten brillantes.

En cuanto al envasado, una vez el hilo tiene dado el tratamiento pertinente, se envasará en madejas, conos, bobinas, etc., según sea el uso que se le vaya a dar.

De los distintos tipos de hilos que se pueden encontrar en el mercado, los más utilizados en tapicería son:

- Poliéster o algodón de uso general, que suelen venir en conos y tienen un uso general para coser. Se empleará un hilo grueso de poliéster para coser botones. En general, los hilos principales que se usan en tapicería son los de poliéster o poliamida de varios grosores, que pueden estar en torno al 20 o 40 dependiendo cual vaya a ser su uso, según se cosan costuras normales o decorativas, etc. Para las cinchas, arpilleras y muelles se usarán hilo de bramante.
- El hilo de seda se utilizará para coser tejido de seda o lana, pero generalmente para labores a mano en tejidos delicados. Hay un tipo de hilo, denominado de nailon de lana, que se usa en la lanzadera de las remalladoras, para sobrehilar y dobladillos.

Actividades

9. Investigar la razón de que haya tantos sistemas de numeración para los hilos.
10. Describir otras aplicaciones del hilo de seda además de la textil.

6. Los tejidos. Características y aplicaciones

Un tejido es la obra resultante de entrelazar un hilo, o bien consigo mismo, como es el caso de los tejidos de punto (malla, ganchillo, encajes, etc.), o bien entre dos o más hilos, como es el caso de los tejidos planos (tejidos que se conocen normalmente como telas). Hay otros tipos de tejidos, que son las telas o tejidos no tejidos, pero en este caso se verán aparte.

Para hacer una tela se necesita un instrumento denominado telar. Los telares son instrumentos utilizados desde tiempos muy antiguos. El telar se compone básicamente de una estructura de madera en la que se insertan los hilos que forman la urdimbre. Por medio de una lanzadera se irán pasando los hilos horizontales, es decir la trama, a través de estos. Este entrelazado de hilos da lugar a la tela. Para ayudar a pasar los hilos de la trama se ayudan de unos palos o bastones (en los telares simples) o de un entramado de alambre sujetado por poleas (en los telares complejos) llamado lizo. La función de los lizos es abrir o cerrar el entramado de la urdimbre para dejar pasar el hilo de la trama. Esta apertura se denomina calada.

Definición

Urdimbre
Conjunto de hilos que se colocan en el telar paralelamente unos a otros para formar una tela.

Según sea la apertura o calada y el entrecruzamiento de los hilos que resulte se tendrá un tipo u otro de tejido. A estos entrecruzamientos se les denomina ligamentos. Son tres los principales ligamentos que existen: tafetán, sarga y raso; y sobre estos ligamentos existen variaciones.

Ligamentos básicos

a) Tafetán   b) Sarga   c) Satén o raso

La evolución del telar ha sido paralela a la de otros instrumentos y avances tecnológicos. Así, el invento de la lanzadera volante supuso un avance surgido en la Revolución Industrial.

Los primeros telares parece que aparecieron ya en el Neolítico y eran fijos, con una estructura horizontal y posteriormente vertical. Evolucionaron hacia el telar de cintura, tipo de telar que aún utilizan algunas comunidades indígenas. En este tipo de telares más arcaicos los hilos de la urdimbre se van separando mediante palos o bastones dejando hueco para pasar la trama. Posteriormente, con el avance de la tecnología, los telares se convirtieron en un elemento más sofisticado, utilizando las mallas para pasar los hilos y los lizos para levantarlos, accionándolos por un sistema de poleas y pedales. Es el telar conocido como de bajo lizo, que acciona los lizos mediante pedales y deja libre las manos para una mayor rapidez a la hora de tejer y poder pasar con más libertad la trama.

Más tarde, la invención de las lanzaderas volantes, del telar Jacquard (tipo de telar que permite crear diseños complejos en el tejido mediante cartones perforados) y otros adelantos hizo evolucionar notablemente los tipos de telas.

Sabía que...

El telar de Jacquard fue inventado por Joseph Marie Jacquard, tejedor y comerciante francés, en 1801.

El telar evolucionó primero hacia el telar mecánico y más tarde al automático. En la actualidad se innova mediante sistemas de producción continua, sin lanzadera y automatizados e informatizados, que permiten una mayor producción y complicados diseños y texturas.

Tejido de calada en telar artesanal

Existen varios tipos de telares, además de los antes citados, que originan distintos tipos de tejidos. Hay telares específicos para tejidos de punto, circulares, tejidos de pelo, de rizo, etc.

Actividades

11. Señalar la razón de por qué surge la necesidad de investigar nuevas fibras y tejidos.
12. Investigar sobre las fibras naturales y comentar con sus compañeros la situación actual de estas fibras.

En la actualidad, con todas estas innovaciones, son muchos los tejidos con los que se pueden tapizar muebles y paredes.

En general, deben ser tejidos de trama tupida, grosor medio o gruesos, pues las tensiones que hay que efectuar para tapizar un mueble y las que deben soportar los asientos y respaldos, sobre todo, hacen poco apropiados para este uso los tejidos de trama abierta, fácilmente deshilachables. Además, al ser el mueble tapizado un enser que está compuesto de rellenos, al igual que las paredes, no es oportuno utilizar un tejido que deje al descubierto los interiores.

6.1. Tipos

Como se decía con anterioridad, son muchos los tejidos y con el avance de la industria textil se continúa investigando y creando muchos más con excelentes propiedades y con tratamientos que los hacen antimanchas, indeformables, reciclables y un largo etcétera. Se podría hacer una lista que ocupara varias páginas, pero resumiendo notablemente, los más utilizados son:

Tejidos de grosor medio

Son tejidos fáciles para coser y que permiten doblado de pliegues y esquinas, sobre todo en el tapizado de sofás y sillones.

Calicó

Es un tejido basto de algodón que se utiliza para hacer fundas y bases de tapicería. Generalmente está estampado por una cara y en su origen procedía de la ciudad de Calcuta, en India. También se le conoce como percal. Es barato pero se arruga mucho.

? Sabía que...

El pirata inglés Jack Rackman (1682-1720) fue conocido como "Calicó Jack", y pasó a la historia además de por sus fechorías por vestir siempre ropajes confeccionados con tejidos de calicó estampados.

Cretona

Tejido fuerte y resistente con trama de lino y urdimbre de cáñamo. También se conoce por este nombre a la tela fuerte de algodón con estampado de flores, apta para cortinas y colchas.

Popelín

Tejido de algodón que tiene un ligamento en su trama de otra fibra más pesada, que puede ser tafetán, lana, seda o viscosa. Fácil de planchar y coser, se utiliza para decoración. Es una tela fuerte y duradera.

Damasco

Es un tejido originario de Oriente. Se caracteriza porque lleva un diseño en sí mismo al estar confeccionado por un procedimiento en relieve. Esta técnica es muy compleja, por lo que los tejidos realizados eran costosos. Además, generalmente se hacían en seda aunque también se confeccionaban en lino. El invento del telar Jacquard supuso un abaratamiento en los costes de producción. También se hacen damascos en otras fibras aptas para la tapicería y se suelen utilizar para tapizado de muebles de estilo y clásicos.

Damasco de tapicería

Zaraza

También conocida como **chintz.** Está hecha de algodón tupido con un acabado brillante que se hace con resinas. Conviene limpiarla en tintorería pues si no puede perder el apresto. Se usa para decoración y tapizado de sillones y sofás.

Satén o raso

Tela de seda con urdimbre de seda o algodón y de otras fibras. Actualmente también se obtiene de fibras sintéticas. Es un tejido brillante, suave y lustroso. Si tiene un grosor medio se puede utilizar para tapizado de muebles como cabeceros de cama o incluso sillones.

Estameña

Tejido compuesto de fibras de lana y viscosa o de lana y otras fibras. Es un tejido muy tupido, fuerte y suave. Se ha empleado para hacer fundas, ropa de hogar y se puede utilizar para tapizar.

Lino

Tejido que se obtiene al procesar la planta del lino y tejer sus fibras. Es un tejido natural y fresco, que presenta el inconveniente de que se arruga mucho. Tradicionalmente se ha usado para la confección de ropa de hogar, sábanas y mantelerías, que luego se bordaban para conformar los ajuares de las novias.

Tejido de lino

Nota

La planta del lino es una herbácea de la familia de las lináceas, originaria de la región de los ríos Nilo, Éufrates y Tigris.

Microfibra

Tejido fino de fibras sintéticas que crean gran cantidad de acabados. Es muy versátil, y con ella se pueden crear variedad de complementos desde fundas, tapizado de sillones o sofás, fundas para el automóvil, etc.

Guinga

Tejido de algodón de dibujo característico de cuadro blanco y color. También se la conoce como **Vichy** o **cuadros Vichy,** y se usa principalmente para cojines y cortinas para la cocina, manteles, servilletas, etc.

Tafetán

Tejido fino, de tacto crujiente, que antes se hacía de seda y en la actualidad se emplean las fibras sintéticas para su confección. A veces los hilos de la trama y la urdimbre son de diferente color para crear un efecto tornasolado.

Piqué

Es un tejido hecho principalmente de algodón aunque también se realiza de otras fibras en la actualidad. Es un tejido de relieve, hecho con dos urdimbres y una trama, que le van dando ese aspecto sobresaltado por lo general de motivos geométricos. Los hay de distintos grosores. Indicado para colchas y cojines y los de resalte fino para ropa de vestir. Los de resalte grueso se utilizan en tapicería.

Actividades

13. Señalar qué tipo de tejidos son más apropiados para tapicería.
14. Razonar si la lana es un tejido apropiado para tapizar.

Tejidos gruesos

Son tejidos difíciles de manejar y cortar por su volumen, grosor o rigidez. En muchos de ellos el acabado que llevan brillante, satinado o bien su textura hace que sea complicado su corte porque hay que tener en cuenta su orientación.

Yute

Tejido grueso que se hace con la fibra del mismo nombre que se extrae de la corteza de algunos árboles de Asia y África. En tapicería se usa para tapizado de sillones y sofás.

Yute para tapicería

Sarga

Tela cuyo tejido forma líneas diagonales. Se hace con distintas fibras pero el más común es el de lana, que recibe el nombre de ***tweed*** si el dibujo formado es de espigas o rombos y **tartán** si forma los cuadros típicos de los tejidos escoceses. Es una tela fuerte y tupida.

AZ Definición

Tartán
Tela de lana con cuadros o listas cruzadas de diferentes colores, característica de Escocia.

Lona

Tejido realizado en algodón, cáñamo, lino o yute. Se teje en sarga. Rígido y resistente, se fabrica en varios grosores. El más fino se le denomina loneta y se emplea para artículos de decoración del hogar, fundas de sofá, cojines, etc. Hay variedades con un tratamiento especial impermeable que las hacen apropiadas para uso en exterior, para tapicerías de sillones y sillas que van a tener mucho uso, etc.

Pana

La pana es una tela parecida al terciopelo fácilmente reconocible por los surcos que la conforman. Está hecha con algodón, y el pelo de la superficie puede ser de algodón, viscosa o mezclas de algodón y poliéster. Indicada para decoración del hogar y tapizado de sofás y sillones. Muy usada en sillones y tresillos.

Brocado

Originalmente eran tejidos de seda y oro y, en general, son tejidos suntuarios. Es una tela medianamente gruesa que se teje con una trama suplementaria de hilo recubierto de filamentos de oro y plata, que forman dibujos. Son tejidos aptos para tapizado de muebles de estilo y suntuarios.

Terciopelo

Es una tela que se teje con pelo espeso en una de sus caras mientras que la otra queda lisa. Tradicionalmente se hacía de seda pero en la actualidad se realiza de algodón, viscosa o fibras artificiales. Se hace liso o con dibujos. Para crear este efecto, los bucles se cortan o se dejan sin cortar alternándolos. Otras veces se corta a dos alturas para crear el dibujo. Como la pana, se utiliza para tapizar pero hay que tener en cuenta siempre el grosor para las esquinas y dobleces. Se usa en muebles de estilo y clásicos.

Chenilla

La chenilla es un tejido suave y de acabado aterciopelado que se fabrica en algodón, viscosa y poliéster. Es resistente y apta para cojines, colchas y ropa de hogar. También se usa para tapizado de sofás de estilo moderno.

Otomán

Tejido de algodón o seda de textura acordonada. A veces se mezcla con otras fibras como la viscosa. Buena para tapicerías. Si su textura es gruesa también se le conoce como **grogrén.**

Aplicación práctica

A su taller ha venido el encargo de decorar y adaptar una guardería infantil. En el cuarto de juegos se van a entelar las zonas bajas para evitar que los pequeños se puedan hacer daño con las paredes, ya que es una estancia amplia pero tiene muchas esquinas. En el cuarto para dormir se van a poner unas colchonetas para los mayorcitos y unas cunas para los bebés para que puedan hacer su siesta. En el comedor, unas sillas llevarán unos cojines de cuadritos lo más parecidos al tapizado que traen las tronas, que están forradas en un material vinílico en verde y blanco.

Continúa en página siguiente >>

<< Viene de página anterior

Indique al cliente qué tipo de tejidos se utilizará en cada caso.

SOLUCIÓN

Siempre con estos trabajos se tendrá en cuenta que sean tejidos seguros ante roturas y lavados, así como con los rellenos se deben tomar las medidas oportunas en cuanto a seguridad y utilizar materiales homologados. Para el forrado del bajo de la pared del cuarto de juegos se puede utilizar un material de tipo vinílico o lavable, con un relleno para amortiguar ruidos y suficientemente blando pero firme. En el mercado hay muchos que cumplen esta función a base de corcho o virutas de caucho, etc. Las colchonetas se harán de un tejido transpirable, que no dé calor, pero lavable y resistente, como, por ejemplo, una loneta de algodón o mezcla, lo mismo que los cojines del comedor, que se harán en un tejido de vichi o similar, con cuadros similares a las tronas pero de fácil lavado y resistentes.

Pieles

El cuero y las pieles eran los componentes esenciales de asientos de sillones al principio de utilizarse los muebles tapizados. Las innovaciones en los tejidos les han dado otro protagonismo, ligado sobre todo a muebles de calidad como asientos, sofás y sillones de estilos muy concretos. La piel es duradera, transpirable y resistente pero necesita de unos cuidados especiales sobre todo en lo tocante a conservación y limpieza.

Ante

Es piel de oveja, cabra o cerdo tratada y usada en su cara interior. Tiene un tacto suave. Apropiada para asientos.

Tiene una variedad sintética fácil de coser, mucho más fina y de aspecto similar, pero que no se presta a los mismos usos.

Cuero

Es la piel del animal tratada y curtida por la cara del pelo pero sin este. Tiene acabados distintos según sea su uso.

Los sillones y sofás tipo **Chester** y otros modelos tradicionales se suelen tapizar de cuero. Permite decoración y pespunteado.

Sabía que...

El "Chester" es un sofá de cuero creado a principios del siglo XIX reconocido mundialmente por su artesanía y belleza y caracterizado por su diseño en capitoné con los brazos y respaldo a la misma altura.

También tiene una variedad sintética que no es otra cosa que una tela recubierta de vinilo. Es más barato y se utiliza en sillones de fabricación industrial. No tiene nada que ver con el cuero natural aunque sí es cierto que cada vez se consigue imitar mejor en cuanto al aspecto y tacto pero no hay que olvidar que es una materia artificial.

Actividades

15. Comentar cuáles son las ventajas e inconvenientes de los tejidos gruesos para tapicería.
16. Señalar qué tipo de tejido no utilizaría usted para tapizar una pared, y razonar la respuesta.

7. Tipos de ennoblecimiento textil

El ennoblecimiento textil es el proceso por el cual se dota a las telas de determinadas cualidades. Estos procesos pueden ir desde el blanqueamiento a la tintura, el estampado o algún tratamiento específico como impermeabilización, antimanchas, etc.

Una vez que la tela sale de los distintos telares viene manchada de suciedad e impurezas. Antes de proceder al tintado o bien el estampado de los tejidos es preciso proceder con una serie de tratamientos previos con el fin de que los tejidos estén bien preparados para recibir el tinte y la tintura sea satisfactoria.

7.1. Procedimiento para realizar el ennoblecimiento textil

Los principales pasos para el ennoblecimiento textil son los siguientes:

Escurado

El escurado básicamente es el desengrasado de las telas o paños como paso previo a la tintura o abatanado.

En la antigüedad este proceso se hacía sometiendo a las telas al lavado con plantas quitamanchas o jabonosas, como la saponaria (*Saponaria officinalis)* o la lechetrezna (*Euphorbia serrata*), esta última sobre todo para el lino.

Saponaria officinalis

Se tiene constancia de que el jabón se usaba ya en la época romana pero se fabricaba de forma artesanal. Hasta que no se empezó a fabricar de forma industrial no se encontró la fórmula ideal que permitía la suficiente calidad y grado de limpieza.

Para los paños de lana se utilizaba la greda, que es una arcilla arenosa que servía para limpiar y como quitamanchas.

AZ Definición

Greda
Arcilla arenosa, por lo común de color blanco azulado, usada principalmente para desengrasar los paños y quitar manchas.

Algunos tejidos industriales de fibras artificiales o sintéticas apenas necesitan escurado pues la propia característica de las fibras así lo requiere. Por ello, el escurado que se le suele dar a estas fibras es muy ligero.

Blanqueado

El blanqueado es un paso previo a la tintura porque así la fibra queda limpia y blanca, sin ninguna mancha que pueda alterar el color, y por otro lado si el tejido se quiere utilizar blanco este es el proceso a seguir.

Dependiendo de las fibras el blanqueado será más o menos intenso o se emplearán unos métodos distintos.

Por regla general el blanqueo se hace con medios químicos aunque actualmente se emplean cada vez más medios mecánicos y físicos para evitar en la medida de lo posible la utilización de la química, que tanto daña al medioambiente.

En la antigüedad el blanqueo se realizaba tratando las telas una vez escuradas o limpias de grasa y suciedad con soluciones de leche agria o zumo de limón y exposición solar de forma consecutiva; por último se bañaba en un agua de cenizas (precursora de la lejía) y se lavaba finalmente, se secaba a la sombra y se guardaba. Este proceso sucedía durante un periodo de tiempo que podía durar unos ocho meses. A partir de ahí se preparaba la tela para ser tintada.

Con el descubrimiento del acido sulfúrico y el cloro ya en el siglo XIX este proceso se acortó bastante, llegando a invertir la mitad del tiempo (unos cuatro meses).

En la actualidad, se han dado buenos resultados en cuanto a rapidez y costo con los sistemas continuos y semicontinuos de blanqueamiento por vapor, peróxido de hidrógeno, hipoclorito de sodio o clorito de sodio, y otros blanqueantes químicos. En estos sistemas en primer lugar se produce un chamuscado del tejido por medio de unos rodillos candentes que eliminan las impurezas e igualan la fibra. Posteriormente, el tejido va pasando por sucesivos rodillos y calderas en las que se va produciendo el blanqueamiento.

Al final del proceso de blanqueo, sobre todo en aquellos tejidos que no van a tintarse ni estamparse y en los que el blanco va a ser su color definitivo, los tejidos se tratan con blanqueantes ópticos o abrillantadores ópticos, que son sustancias químicas colorantes que absorben la luz ultravioleta, dotando al tejido de una blancura óptima.

Actividades

17. Analizar la evolución de los sistemas de limpieza y blanqueado de las fibras textiles, y sus beneficios y perjuicios.
18. Buscar información sobre los blanqueantes que se utilizan en la actualidad en la industria textil.

Mercerización

Es un tratamiento que suele darse a los hilos para tejer o coser pero también a los tejidos de algodón y lino y consiste en un baño de hidróxido de sodio o sosa cáustica que posteriormente se neutraliza con un ácido. Este tratamiento otorga a los hilos y tejidos un acabado brillante y suave que favorece el teñido y disminuye los costos de tintado.

Teñido

El proceso de teñido del tejido puede hacerse de dos formas:

1. **A través del movimiento del tejido.** Como, por ejemplo, el teñido en torno, en el que la tela pasa a través de unos rodillos y se va depositando en el fondo de una cubeta que contiene el tinte. Es el sistema de teñido más artesanal.
2. **Con la tela estacionaria y el líquido circulando.** Se hace en sistemas de tintado a través de calderas en las que tiene especial importancia la presión, la temperatura, etc.

Los tintes o colorantes son los productos capaces de dar color a la fibra textil. Los hay de dos tipos: naturales y artificiales. Los tintes naturales para su fijación necesitan de otros elementos como son los mordientes, que son otro tipo de productos que ayudan a fijar el color, como el vinagre, la sal, el bicromato potásico, el mineral de alumbre o el crémor tártaro.

Los primeros tintes que se utilizaron fueron de este tipo. Estos tintes naturales procedían de frutos como las zarzamoras; hojas y raíces como el glasto, que es una planta cuyas hojas daban un tinte azul; la rubia, una planta cuya raíz daba el color rojo; insectos como el quermes, que daba un color rojo; o moluscos como el murex, del que se obtenía el preciadísimo púrpura.

Frutos de la zarzamora

Estos tintes tenían la desventaja de que en algunos casos eran muy costosos, pues se necesitaba gran cantidad de plantas o moluscos para una pequeña cantidad de tinte y a veces tampoco eran demasiado resistentes a la luz y los lavados.

Los primeros colores artificiales o inorgánicos se obtuvieron en el siglo XVIII y fueron procedentes de minerales, como el azul Prusia (hierro) y algunos naranjas y amarillos de antimonio.

Sabía que...

El azul Prusia debe ese nombre al color de los uniformes del ejército prusiano, que estaban teñidos de esa tonalidad.

En 1856, Perkin y Hofmann crearon una serie de tintes procedentes del alquitrán de hulla. Estos tintes, primero el malva ideado por Perkin y luego el púrpura de Hofmann, son los primeros sintéticos que se comercializaron.

A partir de este punto y paralela a la industria textil y el descubrimiento de nuevas fibras sintéticas, los avances en los sistemas de tintura fueron espectaculares pues se fueron ideando tintes apropiados para cada tipo de fibra con características distintas, como los tintes azoicos o ácidos, los dispersos para tejidos sintéticos y de poliéster, los reactivos para celulosas, etc.

Acabado

Se conocen como acabados todos los procesos que se les dan a las telas para mejorar o cambiar su aspecto.

Son muchos y sería bastante largo de explicar cada uno de ellos pues hay que tener en cuenta que no todos los tejidos precisan los mismos. Un acabado característico de la lana es el abatanado, que es un proceso que se realiza a los paños tejidos para darle un aspecto afieltrado. El estampado es otro proceso de acabado de los tejidos mediante el cual se estampa o se decora un tejido con pigmentos o tintes mediante la impresión o estampación con rodillos o placas.

Otros procesos sirven para dar a los tejidos ciertos aprestos o dibujos en relieve, como el gofrado o el calandrado para muaré, etc.

Actividades

19. Buscar información de nombres de colores.
20. Señalar los elementos básicos para una buena tintura aunque no sea industrial.

8. Telas no tejidas

Las telas no tejidas son aquellas que no se obtienen mediante un proceso de tejido bien sea por telar o bien por otro sistema.

Quizá las primeras telas no tejidas fueron aquellas que el hombre utilizó directamente de la naturaleza, como son aquellas que se obtienen del líber de algunos árboles, esto es de la cara interior de la corteza, tal es el caso del papiro. En África e Indonesia también se hacen tejidos de corteza de ciertos tipos de higuera y otros árboles tropicales.

El fieltro es otro tipo de tela no tejida y quizá es de las más antiguas. Consiste en aglomerar el vellón o lana, mediante un proceso de amasado con agua caliente. Este tejido resultante puede moldearse, cortarse, coserse, etc.

Nota

El fieltro e una especie de paño no tejido que resulta de conglomerar borra, lana o pelo.

En la actualidad las telas no tejidas proceden de las innovaciones de la industria textil.

Ya desde 1850 empezaron a aparecer las primeras telas de fibras de papel apelmazadas mediante encolado en capas en forma de velos y las constantes innovaciones llevaron un siglo después a la aparición de telas no tejidas por fusión.

Telas no tejidas

Actualmente son muchas las variedades y aplicaciones de estas telas, desde los pañales desechables a las bolsas para la compra o los materiales para acolchados en tapicería o para aislamiento y acolchado de paredes y techos.

9. Procedimientos elementales de identificación

La experiencia en el conocimiento de tejidos es sin duda el valor más importante para la identificación de los mismos.

Los tejidos para tapicería son fácilmente reconocibles por su textura y composición. Es el caso de la arpillera, por ejemplo, pues su trama característica y su color hacen que sea inconfundible.

Los tejidos de algodón como el retor o tejidos básicos para entretelar o cubrir los fondos y rellenos también son fáciles de distinguir, pues suelen ser telas recias, en color crudo o natural, que se suelen utilizar para recubrir.

El problema empieza cuando se tiene que clasificar el tejido que va a constituir el recubrimiento exterior del mueble tapizado.

Para ello es muy útil contar con muestrarios que las firmas comerciales de tejidos suelen disponer para los clientes. En los muestrarios suelen venir el tipo de tejido, la composición y sus características principales, como ancho de la pieza, gramaje, etc.

Reconocer todos los tejidos que hay en el mercado no es tarea fácil, pero es primordial informarse de las principales características de cada uno y elaborar un muestrario particular de los tipos de tejido más usuales en tapicería y sus aplicaciones, y poderlos comparar en caso necesario.

Comprobar mediante llama el tipo de tejido sería otra pista para poderlo identificar. Para ello si se toman algunas fibras del tejido o una pequeña muestra de la tela y se acerca a una llama, por ejemplo de un encendedor o cerilla, y se observa su comportamiento ante el calor. Según sea la reacción de la muestra esta puede indicar qué tipo de tejido es, sobre todo si es un tejido natural o sintético.

Llama

Importante

Mediante la aplicación de una llama a un tejido se puede observar su comportamiento ante el calor para así saber de qué tipo es, natural o sintético.

Otro procedimiento sencillo que puede poner en la pista sobre algún tipo de tejido es observar la trama de dicha tela y así comprobar la urdimbre y la trama para diferenciarla en cuanto a si es una tela de punto o un tejido de calada.

Pero sin duda, la forma más eficaz de identificar una tela es conocer el etiquetado en el que se refieren las características propias de cada tejido. Lo que ocurre es que este hecho lamentablemente ocurre muy pocas veces en un taller de tapicería.

Actividades

21. Indicar productos que se fabriquen con telas no tejidas.
22. Explicar brevemente cómo se puede saber aproximadamente de qué fibra se compone un tejido.

Aplicación práctica

A su taller de tapizado han llevado unos sillones para reparar. Están tapizados en una tela de color verde oscuro pero no se sabe de qué tipo de tela se trata. El cliente es muy exigente y quiere tapizarlos con una tela del mismo tipo y no quiere cambiar ni el estilo ni el color.

Indicar qué telas se pueden utilizar para sustituir el tapizado.

SOLUCIÓN

En primer lugar se intentará saber de qué tipo de tejido se trata. Como no se tiene etiquetado ni el cliente tiene datos al respecto, quizá la experiencia como tapicero pueda indicar alguna pista. Si todavía no se acierta, quizá tomando unas hebras de la tela de un lugar no visible y acercándolas a la llama de una cerilla se pueda ver su comportamiento y saber si la tela es sintética o natural. Una vez realizada esta operación se verá si la fibra se derrite y se hace una bolita dura (ver cuadro de fibras) de un olor característico a plástico quemado. Por ello, se sabrá que se está ante una tela sintética y este será el tipo de tela que se tenga que ofrecer al cliente. Valiéndose de los muestrarios se podrán ofrecer tejidos similares al que tienen los sillones.

10. Materiales textiles específicos para el tapizado de mobiliario, entelado de paredes, techos y tapizado de paneles murales

El tapizado de muebles, paredes y techos así como aquellos paneles murales que pueden servir de decoración y división del espacio poseen unas características similares en cuanto a ejecución y materiales requeridos para su confección y realización, si bien las paredes y los techos por sus características particulares requieren otros tratamientos o el uso de unos materiales sensiblemente distintos ya que se deben adaptar a una normativa especial.

A continuación se van a describir los distintos materiales haciendo una división aparte de los específicos para el tapizado de paredes y techos.

10.1. Relleno: monoblock de espuma o similar, guata, muletón, crin vegetal, plumas, algodón, espuma de poliéster y otros

Los rellenos son materiales muy importantes dentro de la tapicería de muebles como el entelado de paredes. En el primer caso porque son parte fundamental del proceso, ya que dan el confort necesario para que el mueble resulte cómodo y funcional. En el caso de las paredes y techos porque cumplen una doble función, primero permiten que la pared tapizada o entelada tenga un aspecto mucho más lucido y homogéneo; y segundo porque son una excelente forma de dotar a la estancia que se entela de un acondicionamiento óptimo tanto térmico como acústico.

Los rellenos pueden ser naturales o sintéticos. Dependiendo del uso se utilizarán más unos que otros, pero en el caso de las paredes el empleo de un tipo de relleno determinado no es por capricho comercial o de la estética sino porque estos se deben adaptar a la normativa vigente en cuanto a utilización de materiales, sobre todo ignífugos.

Nota

El relleno de paredes se debe adaptar a la normativa vigente, con el uso de materiales ignífugos.

Relleno en bloque

El relleno en bloque por excelencia lo constituye el bloque compacto de gomaespuma o espuma de polietileno expandido. También se le conoce como **monoblock.** Es una espuma que se hace químicamente mediante la mezcla de dos componentes como son el poliol y el isocianato. Suele comercializarse en planchas y en distintos gruesos y densidades desde la más blanda a la más rígida. Se corta con sierra mecánica o cortadora vertical si es gruesa y si es fina se puede cortar con tijeras.

También se comercializa en forma de cojines o asientos con forma ya determinada, que en algunos casos combinan densidades distintas o anchos distintos de gomaespuma.

Fibra suelta

Son materiales de relleno de origen vegetal, animal o sintético. Las fibras naturales se suelen usar en la tapicería clásica pero hay otras que se utilizan especialmente en la técnica moderna ya que son fibras con unas características determinadas y con prestaciones especiales.

Crin vegetal

Es una fibra natural que se hace a partir de hojas del palmito o palmera. Tiene un color verdoso y se utiliza para rellenos en la tapicería clásica.

Crin de caballo

Se hace a partir del pelo de las crines de caballos sobre todo y otros animales. Es un relleno elástico y transpirable. Su uso es el mismo que el anterior.

Plumas

Es otro relleno natural, que se obtiene a partir del plumaje de aves, como gallinas y patos. Son rellenos muy cálidos y suaves, especialmente el de plumón de pato o ganso. Se utilizan para rellenar cojines o hacer edredones.

Algunos tipos de relleno

Lana

También utilizada para rellenos de cojines, es resistente y duradera. Se realiza con el pelo de animales como ovejas y otros. Es transpirable pero hay que airear y abrir los mechones, que tienen tendencia a compactarse con el tiempo.

Miraguano

Relleno que se obtiene de las fibras de distintas especies vegetales. Es muy utilizado en el relleno de cojines. Se utiliza más bien en la técnica clásica.

Floca cardada

Es un relleno acrílico de aspecto similar a la lana cardada. Se usa para rellenar cojines y almohadones.

Picado de espuma

Es el que se hace con los restos de corte de la gomaespuma picada en trozos pequeños y a veces se mezcla con plumas.

Algodón acrílico

Fibra hueca. Se comercializa en sacos y se utiliza en rellenos de cojines y almohadones. Es similar a la floca pero se utiliza en trabajos que requieran un tratamiento similar a la pluma, como cojines o respaldos.

Actividades

23. Indicar qué tipo de rellenos serán los más apropiados para usar en cojines, y explicar por qué.
24. Enumerar los distintos rellenos y clasificarlos según sean naturales o sintéticos.

Rellenos compactados en mantas o rollos

La finalidad principal de este tipo de rellenos es dar consistencia a los asientos, respaldos y distintos componentes del mueble tapizado pero también son de utilidad en el entelado de paredes y otros muebles como cabeceros de cama y otro tipo de paneles por su comodidad a la hora de extenderlos en un soporte vertical como es la pared.

En la tapicería clásica este tipo de rellenos se pone sobre la capa de arpillera que recubre el relleno de crin o fibras. En esta técnica el relleno más utilizado es la guata.

Definición

Guata
Lámina gruesa de algodón en rama, engomada por ambas caras, que sirve para acolchados o como material de relleno.

En la técnica moderna se utiliza para envolver asientos de gomaespuma y darle un aspecto redondeado o para recubrir otras partes del mueble. Los más utilizados son los siguientes:

Guata

Relleno en forma de manta que es el resultado de compactar la pelusa y borra procedente de la manufactura del algodón y otras fibras naturales. Se usa en la tapicería clásica y se pone como entretelas para conformar las distintas capas de relleno en los asientos y respaldos. Se corta igual que el tejido y a veces manualmente.

Muletón

Es una tela afelpada y gruesa de algodón que se coloca como relleno para el tapizado de paredes, sobre todo, ya que sirve para amortiguar el ruido.

Rollos de relleno

Guata sintética

Se fabrica sobre todo para el acolchado de tapicería y confección. Es una fibra sintética. Se comercializa en rollos de diferentes anchos y grosores. Es muy utilizada la guata sintética termoligada.

Gomaespuma fina

Muy utilizada para rellenos de tapicería, sobre todo en respaldos y brazos. Se usa para acolchar y se comercializa en rollos. Disponible en varios grosores, su utilización es igual que la anterior, la diferencia es que este relleno tiene más consistencia y se usa para acabados que requieran un acolchado más firme.

El relleno de gomaespuma se pone directamente sobre las cinchas en el caso de las sillas y sillones o bien pegado sobre el tablero del fondo.

Para asientos o respaldos con forma y curvas se dispondrán varias capas de gomaespuma en tamaños distintos, siendo la capa superior mayor.

10.2. Tejidos especiales de cubrimiento o recubrimiento

Los tejidos principales de cubrimiento que se utilizan en tapicerías son la arpillera y el retor o tejido de algodón blanco o crudo.

Arpillera

Es un tejido de fibra natural de lino o yute, que popularmente se conoce como tela de saco. La arpillera se utiliza en la técnica clásica de tapizado para cubrir las cinchas, muelles y rellenos. Este tejido se corta con las mismas dimensiones que el tejido de relleno definitivo que vaya a llevar el mueble y se va grapando o clavando en los bordes del bastidor en una primera capa y en la segunda capa que se coloque, encima del relleno. Esta capa de arpillera servirá para fijar dichos rellenos y coserlos para evitar que se muevan y confeccionar los burletes y cantos.

Nota

El tejido de fibra de yute se obtiene de la corteza interior de una planta de la familia de las Tiliáceas.

Sobre este relleno de arpillera se pondrá una capa de guata que lo unifica y sobre esta guata se colocará otra capa de tejido de algodón blanco o retor en el caso de que el mueble no se vaya a tapizar de inmediato; en caso contrario se colocará el tejido definitivo.

Retor

Es un tejido grueso de algodón 100%. A veces se comercializa sin blanquear, es el llamado **retor moreno.** Se utiliza en la tapicería clásica y moderna. Este tejido también se usa para coser añadidos y partes internas del tapizado que no van a verse, como por ejemplo las caras internas de los cojines o bien zonas del fondo, etc., con la misión de ahorrar material.

Otros

En el caso de las paredes y techos se emplean otro tipo de tejidos que además tienen una función de aislamiento acústico y térmico.

Estos tejidos deben cumplir una serie de requisitos y normativas de seguridad vigentes. En el mercado existe una amplia variedad de fabricantes que crean soluciones para este tipo de rellenos. Algunos de estos rellenos pueden ser rígidos y otros blandos, como por ejemplo: lana mineral (lana de roca), poliestireno expandido y extruido, espuma de poliuretano, espuma de resina fenólica, corcho expandido, rellenos a base de fragmentos de caucho y un largo etcétera.

Aplicación práctica

"Sánchez Tapiceros" es una firma de reconocido prestigio. Su especialidad es el entelado de paredes y la confección de paneles tapizados. Han recibido un encargo para tapizar las paredes del salón de una casa señorial que se va a reconvertir en restaurante y salones de celebraciones. Los dueños quieren respetar el estilo decorativo de los salones pero tienen que renovar las telas algo deterioradas porque son muy viejas y además las autoridades les exigen medidas de seguridad ¿Qué les aconsejaría?

SOLUCIÓN

Lo primero qué habría que ver es el mobiliario y estilo de la casa para aconsejar al cliente. Como la casa va a cambiar de uso, pero se quiere respetar el estilo decorativo, habrá que renovar los entelados sobre todo por las medidas de seguridad. Se pondrán rellenos con material que tenga unas características especiales para amortiguación de ruidos, insonorización y comportamiento ignífugo. Además, se utilizarán tejidos lo más parecidos a los que tenga la casa pero con tratamientos antimanchas para mejor limpieza y mantenimiento.

Actividades

25. Razonar por qué los rellenos en forma de manta o continuos son más apropiados para las paredes.
26. Señalar las diferencias entre retor y arpillera.

10.3. Fornituras y avíos textiles

Son muchos los tipos de avíos y fornituras que acompañan al tapizado. De toda la extensa gama, solo se relacionarán a continuación los más importantes.

Cremalleras

Es un elemento de cierre que revolucionó el mercado allá por la década de los años veinte del pasado siglo.

Para usar en tapicería suele comercializarse en rollos de cremallera continua y sus cursores van aparte para insertar como mejor convenga.

Las cremalleras se suelen insertar en las partes traseras de los cojines y en las fundas de sillones y sofás.

Cierre Velcro®

El Velcro® es un sistema de cierre patentado en 1959. Consta de dos tiras de tejido, una en suave maraña de bucles y otra en áspero tacto de espinas que acaban en gancho y se pegan entre sí.

Nota

Velcro® es una palabra nacida de la combinación de las sílabas iniciales de las palabras francesas velours (bucle) y crochet (gancho).

Se utiliza como cierre de algunos modelos de cojines, para fijar los mismos a un asiento o respaldo.

Botones

Los botones son aquellas piezas generalmente redondas que encajan un ojal o presilla y sirven para cerrar una abertura o de elemento decorativo. Suelen ser redondos pero los hay también con formas especiales.

En tapicería se utiliza botones forrados y estos están formados por un armazón de metal cubierto de tejido. A este armazón se le denomina fornitura. Los hay para coser y clavar.

Fornituras

Broches

Los broches son elementos de metal o plástico que tienen dos partes y encajan el uno dentro del otro por presión.

Son llamados también cierres invisibles porque se ponen en algunos puntos para disimular aberturas.

Necesitan de una maquina especial para ponerlos, que se basa en un sistema de matrices intercambiables que se accionan por presión.

Ojetes

Los ojetes son agujeros circulares que se hacen para pasar cordones o piezas metálicas como hebillas. Para poner ojales metálicos hay que utilizar unas tenazas especiales para su colocación y los ojales propiamente dichos, que pueden ser de latón pulido o pintado en color.

Válvulas

Las válvulas son elementos que se colocan a colchones, colchonetas y cojines que se realizan con material plástico, vinílico o no transpirable. Su función es permitir salir al aire que se libera tras la presión de un peso o la que se ejerce en el acto de sentarse o tumbarse en un cojín, colchón o colchoneta. También sirven como elemento de aireación. Se colocan en los laterales de los cojines y colchones.

10.4. Cenefas, entredós, cintas, bieses, cordones, pasamanerías y otros accesorios ornamentales como galones y borlas

Todos estos tipos de elementos como bien dice el epígrafe son accesorios ornamentales y cada uno de ellos presenta unas características individuales, pues no todos se usan en las mismas circunstancias, sino que cada uno tiene un uso particular. A continuación se verán separados cada uno de ellos.

Cenefas

Las cenefas son adornos en forma de franja o banda que se colocan en los muros o paredes. También se ponen en cortinas, manteles y otros textiles para decorar. A veces algunos tejidos traen impresas estas cenefas como motivo de estampado o decoración.

Entredós

Es una tira bordada o de encaje que se cose entre dos telas. Puede ser de encaje o bordado. Se utiliza para unir dos partes de tejido y así esta sirva como elemento decorativo.

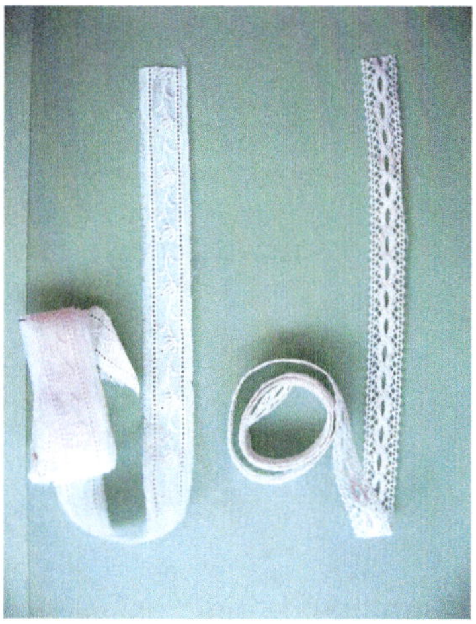

Entredós bordado y de encaje

Cintas

Una cinta es una tira de tejido larga y estrecha que sirve para atar o unir y para decorar. Se suelen hacer en tejidos como seda o raso, falla, organza, tafetán, etc.

Cintas

Nota

La organza es un tejido ligero de seda o algodón, transparente y semirrígido, más fino que la muselina, empleado especialmente para la confección de ropa femenina.

Bieses

Se conoce como bies a un tipo de cinta de algodón o raso que está cortada al bies, es decir, en sentido diagonal al hilo; y sirve para rematar los bordes de algún tejido, reforzar costuras, añadidos o cualquier otra labor que necesite una tira cortada en este sentido, ya sea decorativa o no.

Tiras al bies

Vivos de cordón

Son tiras generalmente de seda o poliéster imitando a seda (estos más económicos), que sirven para decorar cojines y otras piezas de sofás y sillones, sobre todo aquellos de estilos clásicos, aunque ya se están utilizando en nuevas versiones de materiales modernos y colores brillantes para el tapizado de muebles en estilo *vintage*. Tienen una pestaña de tejido para poder coser o insertar mediante grapas o clavado.

Pasamanería

Se denomina pasamanería a todos aquellos elementos decorativos que están realizados para decorar muebles tapizados u otros elementos textiles como cortinas, estores, etc. Suelen ser tiras tejidas o bordadas en algodón, seda y actualmente fibras artificiales. También se les incluía hilos metálicos.

Dentro de este apartado estarían los flecos, que son de varios tipos: trenzados, lisos, de cuquillo o madroños.

Varios tipos de pasamanería

Galón de seda

También se incluye en el apartado de las pasamanerías. Es el más conocido. Sirve para tapar las líneas de grapado y también para coser de forma superpuesta, formando recuadros o simples líneas.

Borlas

Las borlas son un tipo de ornamento usado desde la antigüedad y por numerosas culturas que se forma enlazando grupos de hilos a forma de mechón anudado de forma artística. Se puede confeccionar con hilatura de seda, algodón, poliéster, etc. Se suele poner en esquinas o remates.

Actividades

27. Explicar cuáles son los usos de las pasamanerías y otros adornos.
28. Investigar sobre los tipos de fornituras que puede haber en el mercado.Señalar las diferencias entre retor y arpillera.

11. Resumen

En este capítulo se han explicado de una forma bastante resumida todo lo relativo a las distintas fibras, tejidos y accesorios que se utilizan en el tapizado tanto mobiliario como mural, con el fin de tener una idea clara de todos los procesos que sigue una fibra desde que nace o se hace hasta que constituye un tejido o elemento decorativo.

Se han visto no solo los tipos de fibras con sus propias características, con sus propiedades y aplicaciones, sino también los tejidos, los hilos y los distintos métodos existentes para producirlos y procesarlos, además de otros procedimientos básicos para su identificación y utilización.

Por último, se ha hecho una selección de los materiales más comunes que se utilizan en la tapicería mobiliaria y mural, elementos de relleno, tejidos y otros elementos.

Ejercicios de repaso y autoevaluación

1. De las siguientes frases, indique cuál es verdadera o falsa:

a. La fibra textil es el material que tiene un aspecto y condición fibrosa y es susceptible de ser tejido o hilado.

- ☐ Verdadero
- ☐ Falso

b. El material que se origina a partir de la manipulación de estas fibras mediante esos procesos de tejido o hilado se le denomina material textil.

- ☐ Verdadero
- ☐ Falso

c. Las fibras textiles son de diferentes características, según sea su origen. Pueden ser fibras naturales, artificiales o sintéticas.

- ☐ Verdadero
- ☐ Falso

d. Las fibras textiles no pueden ser tratadas con productos químicos.

- ☐ Verdadero
- ☐ Falso

2. El algodón es:

a. Una fibra de origen natural.
b. Una fibra de origen vegetal.
c. Una fibra celulósica.
d. Todas las respuestas anteriores son correctas.

3. Relacione:

a. Algodón.
b. Sisal.
c. Poliéster.
d. Lana.
e. Acetato.
f. Rayón.

__ Natural.
__ Artificial o sintética.

4. Complete

Las fibras artificiales son aquellas que están elaboradas por el ser humano o bien ____________ pero en ningún caso se pueden encontrar como tales en la naturaleza.

5. ¿Qué son las fibras sintéticas?

a. Las fibras sintetizadas con sintetizadores.
b. Las fibras no naturales.
c. Las fibras que se obtienen uniendo moléculas de elementos simples llamados monómeros para formar elementos compuestos que se llamarán polímeros.
d. Las fibras que tienen unos componentes artificiales creados a partir de sustancias naturales como pueden ser la caseína o la celulosa.

6. Sopa de letras. Busque ocho tipos de fibras.

D	D	L	A	N	A	F	E	I
C	R	V	I	S	C	O	S	A
B	Y	D	I	R	E	D	P	F
A	U	D	J	A	T	S	A	U
Y	T	K	H	Y	A	E	R	J
P	E	L	A	O	T	D	T	L
S	B	L	I	N	O	A	O	G
P	O	L	I	A	M	I	D	A

7. Relacione las siguientes afirmaciones:

a. El ennoblecimiento textil es el proceso por el cual...
b. El escurado es...
c. El blanqueo...

__ ... un proceso de limpieza de los tejidos antes de proceder al blanqueo.
__ ... prepara los tejidos antes de la tintura.
__ ... se dota a las telas de determinadas cualidades.

8. La mercerización es:

a. Un proceso que da a los hilos y los tejidos un acabado brillante y suave.
b. El tratamiento que se da a los hilos para poder venderlos en mercerías.
c. Un proceso de tratamiento de los tintes.
d. Una forma de tejer el lino.

9. Complete.

Las telas ________________ son aquellas que no se obtienen mediante un proceso de tejido bien sea por telar o bien por otro sistema.

10. Relacione estos rellenos y sus usos:

a. Monoblock espuma.
b. Lana.
c. Guata termoligada.
d. Muletón.

__ Entelado de paredes.
__ Relleno de almohadones.
__ Forrado de muebles tapizados.
__ Cojín de sofá.

11. En tapicería se suelen usar botones de tipo...

a. ... forrados, para clavar o coser.
b. ... cuadrado y para clavar.
c. ... de madera o nácar para coser.
d. ... no se usan botones.

12. De las siguientes frases, indique cuál es verdadera o falsa:

a. Las cremalleras se suelen insertar en las partes traseras de los cojines y en las fundas de sillones y sofás.

- ☐ Verdadero
- ☐ Falso

b. El velcro se utiliza como cierre de algunos modelos de cojines, para fijar los mismos a un asiento o respaldo.

- ☐ Verdadero
- ☐ Falso

c. El entredós es una tira decorativa que sirve para rematar dobladillos.

- ☐ Verdadero
- ☐ Falso

d. Un galón es una pieza decorativa en forma de banda oblicua.

- ☐ Verdadero
- ☐ Falso

13. Realice el siguiente crucigrama sobre avíos.

Horizontales:

1. Presiona y cierra.
2. Ojos pequeños de metal.
3. Banda estrecha que sirve para atar.
4. Decora y a la vez tapa.

Verticales:

1. Las llevan algunos botones.
2. Banda horizontal.

14. Los madroños son:

a. Frutos de un árbol llamado madroñal.
b. Un tipo de fleco.
c. Un elemento decorativo de encaje.
d. Ninguna de las respuestas anteriores es correcta.

15. De las siguientes frases, indique cuál es verdadera o falsa:

a. Los tres tipos principales de ligamentos de tejido son tafetán, sarga y raso.

☐ Verdadero
☐ Falso

b. Las fibras naturales más importantes son poliéster, lana y viscosa.

☐ Verdadero
☐ Falso

c. Se puede saber si una fibra es natural o sintética según su comportamiento ante una llama.

☐ Verdadero
☐ Falso

Capítulo 2

Conocimiento de materiales no textiles utilizados en el tapizado de mobiliario y mural

Contenido

1. Introducción
2. Relleno: cartón piedra de diversos gruesos y otros refuerzos
3. Fornituras y avíos no textiles y/o componentes prefabricados
4. Tipos de adhesivos: solventes, acuosos, termoplásticos y otros
5. Tipos de disolventes
6. Productos de acabado
7. Resumen

1. Introducción

Además de los materiales textiles, su obtención y los distintos procesos y acabados que estos pueden tener, en el tapizado tanto mural como mobiliario interviene otro tipo de materiales no textiles que tienen también su importancia en la ejecución de esta artesanía.

Estos materiales tienen una naturaleza bastante distinta pues difieren unos de otros en su utilización y también en los distintos elementos de los que están compuestos.

En este capítulo tendrán cabida todos los materiales, desde el cartón a los contrachapados de madera, pasando por los tintes, los disolventes, pegamentos y otros productos químicos que más se utilizan en el tapizado y entelado de paredes y mobiliario. Se estudiarán sus características específicas y los tratamientos especiales, además de las precauciones que hay que tomar en su uso y los consejos de utilización de los mismos, así como la observación de los controles y normas de seguridad e higiene.

2. Relleno: cartón piedra de diversos gruesos y otros refuerzos

El cartón piedra está compuesto básicamente de papel en varias capas que mezclado con aglutinantes o colas le dan resistencia, solidez y rigidez. A menudo la calidad de este papel es de reciclado o bien está sin blanquear, por lo que tiene ese color gris tan característico.

Se fabrica en varios gruesos y tamaños, pero el que más se utiliza en tapicería es el de 9 mm de grosor, que se suele comercializar en planchas de aproximadamente de 1'07 x 0'77 m, aunque también se suele vender ya cortado en tiras de un metro y se comercializa en paquetes de hasta 50 kilos.

Nota

El cartón piedra que se suele utilizar en tapicería suele ser de unos 9 mm de grosor.

Hay algunos elementos que se ponen de refuerzo o bien sirven de armazón para el entelado de paredes y el tapizado de mobiliario, sobre todo cuando estos muebles se tapizan con la técnica conocida como **a la inglesa.**

El tapizado de muebles a la inglesa es una técnica que consiste en tapizar los muebles de manera que no sean visibles ni grapas, ni clavos, ni ningún elemento de sujeción. Los contras y laterales de sofás y sillones quedan completamente cubiertos y rematados, sin necesidad de que se vea ninguna puntilla o grapa ni se note puntada de costura alguna.

Para realizar un forrado a la inglesa habrá que poner el tejido del revés y en la parte superior del elemento a forrar, como indica la figura 1 de la imagen. Posteriormente, se irá clavando una tira de cartón cuidando de poner las grapas al sesgo como indica la imagen 2. Para finalizar, se dejará caer la tela hacia delante y se procederá al rematado como indica la imagen 3.

1

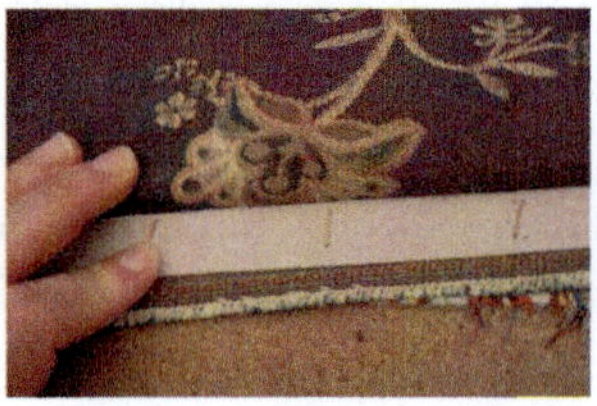

2

3

Pasos del tapizado a la inglesa

Además de este uso, el cartón también se utiliza para reforzar frentes, chaperas, dar rigidez a los contras y laterales de sofás y sillones u otro elemento ornamental que forme parte del mueble tapizado.

Actividades

1. Indicar partes de mobiliario en las que sea oportuno el uso de tapizado a la inglesa.
2. Investigar sobre los distintos tipos de cartón además del cartón piedra y sus potenciales usos en tapicería.

Además del cartón también se utilizan otros materiales similares a la madera, pues en su mayoría están compuestos de fibras de madera tratadas, presionadas y encoladas que se comercializan en diversos grosores. Suelen estar formados por virutas y subproductos de madera que debidamente tratados originan nuevos materiales con aspecto similar a madera y que pueden ser clavados, encolados o tratados igualmente.

Los más comunes son:

DM

Siglas del tablero formado por fibras llamado de densidad media. También se le conoce como **MDF.** Es un tablero barato, de fibras aglomeradas, que se comercializa en varios grosores, desde 2,5 mm hasta 4 cm. No es apto para ambientes húmedos o piezas en contacto con humedad. Se puede barnizar y pintar.

DM

Importante

Un tablero DM es un aglomerado elaborado con fibras de madera aglutinadas con resinas sintéticas mediante fuerte presión y calor, en seco, hasta alcanzar una densidad media.

Tablex

Es el clásico tablero que se puede encontrar en el fondo de cajones o traseras de muebles prefabricados. A veces tiene una cara lisa y otra rugosa. Es un tablero muy barato que está compuesto de fibras vegetales y de madera prensadas en húmedo y a gran presión. Puede estar plastificado o no.

Tablex

Aglomerado

Suele estar formado por virutas de madera prensadas. Se comercializa en grosores que van desde 8 mm hasta 4 cm. No es apto para sitios húmedos pues se hincha con la humedad y no recupera la forma tras el secado. Puede estar plastificado o no. Suele utilizarse en trabajos donde no quede visto y vaya forrado, como por ejemplo en bases tapizadas de camas, cabeceros o paneles.

Aglomerado

Contrachapado

El contrachapado es un tablero hecho de chapa fina de madera. Su calidad depende de la madera utilizada. Esta madera se encola en capas alternando el sentido de las mismas para dar solidez y resistencia. Antiguamente se utilizaba para su fabricación madera de okume que procedía de Guinea Ecuatorial, por eso también se le conoce con este nombre. Actualmente se fabrica con otro tipo de madera como la ceiba o el calabó. Los hay de diversos usos según el tipo de encolado y se comercializa en grosores desde 3 mm a 2 cm.

Contrachapado

Sabía que...

El Pycnanthus angolensis o calabó es una especie de árbol perteneciente a la familia Myristicaceae, propio del bosque primario y secundario africano; muy extendido desde Guinea Ecuatorial hasta Angola.

En tapicería también se utilizan otro tipo de refuerzos como es el caso de las tiras ***liff.*** Estas tiras están realizadas en un material metálico y van provistas de unas pestañas que mediante golpes suaves atrapan el tejido, dejando como resultado un acabado pulido. Las tiras liff se utilizan sobre todo para cerrar traseras de sofás y sillones cuando no se puede realizar un rematado a la inglesa cosido, ya sea por dificultad o por falta de tiempo.

Tiras liff

En el entelado de paredes se utilizan también algunos refuerzos como es el caso de tiras de algodón o también cintas Velcro.

Actividades

3. Señalar qué tipo de tablero o cartón utilizaría para forrar el contra de un sofá.
4. Investigar para qué se usan las tiras liff.

Aplicación práctica

Se necesita hacer un cabecero tapizado para una cama individual en una habitación infantil. Indique qué materiales serían necesarios, incluso el tejido que aconsejaría.

SOLUCIÓN

Para un cabecero para una cama se necesitará un soporte que puede ser un aglomerado de madera de un centímetro y medio de grueso, gomaespuma fina o guata, grapas y algún galón decorativo. En cuanto a tejidos, se utilizarán de colores suaves acordes con el resto de la decoración y en tejidos fácilmente limpiables como loneta o bien tejidos lavables de algodón o mezcla.

3. Fornituras y avíos no textiles y/o componentes prefabricados

Los botones más utilizados en tapicería son los forrados, y estos llevan en su interior un molde metálico que es el que les da la forma y tamaño. A este molde se le llama fornitura.

Sí es cierto que la fornitura en general es el conjunto de elementos metálicos que se incorporan al vestido y como es este caso a los artículos de tapicería y decoración. Como el término es amplio, en este apartado se van a analizar cada uno de ellos con más detalles.

AZ Definición

Fornitura
Conjunto de los botones, trencillas, corchetes y otros elementos accesorios usados en la confección de prendas de vestir.

3.1. Botones, hebillas y ojetes de materiales no textiles

Como se decía son varios los accesorios no textiles que intervienen en el proceso de tapicería y confección de elementos.

Botones

Un botón es una pieza de metal, nácar, hueso, madera u otro material que a veces se forra, que sirve para abrochar o para adornar.

Los botones más utilizados en tapicería son los forrados. Para hacer un botón forrado se necesita de un cuerpo o molde que en la actualidad es de material metálico y se forra con piel o tela. Para el forrado hay que servirse de una botonadora o máquina para forrar botones. La fornitura que lo compone suele ser para coser, rematada por un pie con anilla, o para clavar, rematada por una punta. Los botones antiguamente se hacían con un cuerpo de madera que se forraba con tela y se cosía.

Para hacer los botones forrados se precisa de una botonadora. Este aparato funciona gracias a la presión que se ejerce de forma manual o automática en dos matrices o moldes que se pueden intercambiar según el tamaño de la fornitura.

Botones, fornituras y válvulas

Insertando la fornitura y unos discos de tejido en los moldes se acciona la palanca y por medio de la presión ejercida se hace el botón.

Hebillas

La hebilla es una pieza metálica que sirve para unir dos extremos de una correa o cinturón o dos cosas entre sí. En la actualidad también se hacen de material plástico o resinas o bien de estos combinados con metal.

La palabra hebilla parece derivar del vocablo vulgar latino *fibella* que es el diminutivo de *fibula.* Se conoce como fíbula a aquel tipo de cierre metálico bien con forma del moderno imperdible o bien con forma de broche, que ya desde la Edad del Hierro se utilizó para abrochar mantos o ropajes.

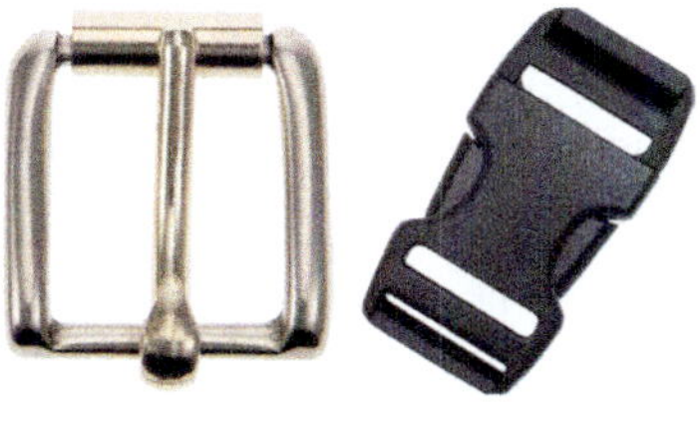

Hebillas, metálica y de plástico

Sabía que...

Una variante de las fíbulas se denomina hispánica porque solo se encuentra en la Península ibérica y es propia del arte ibérico. Se distingue por un aro o anillo sobre el cual se monta un arco metálico, formando con él una sola pieza.

Las hebillas son elementos propios de la marroquinería y confección de calzado y otros artículos como cinturones, bolsos, botas, etc. Si se utilizan en el tapizado se suelen poner las de tipo plástico en elementos de seguridad, sobre todo en artículos y sillones ortopédicos, en la tapicería del automóvil y otros medios de transporte; y en ocasiones las de tipo metálico en sillones y sofás con un estilo determinado como elemento decorativo, pero no es muy usual.

Actividades

5. Indicar en qué casos se pueden poner hebillas en muebles tapizados y buscar ejemplos.
6. Razonar qué tipo de botones utilizaría en el tapizado de un cabecero para cama.

Ojetes

Los ojetes son agujeros circulares que se hacen para pasar cordones o piezas metálicas como hebillas.

Para poner ojales metálicos hay que utilizar unas tenazas especiales para su colocación y los ojales propiamente dichos, que pueden ser de latón pulido o pintado en color.

Primero hay que marcar dónde va cada ojete con una marca de tiza o bolígrafo y con un punzón hacer el agujero. Luego habrá que insertar el ojal de latón y prensar con las tenazas para abrirlo y fijarlo.

Ojete metálico

Estos ojetes se pueden encontrar en el mercado en diversos diámetros. Se utilizan para poner cordones y también para dar mejor aspecto a agujeros de ventilación en cojines o asientos de polipiel o materiales plásticos para terraza y jardín.

3.2. Clavos con cabeza, tachuelas y tachuelas en molde y otras guarnicionerías

Además de todos estos elementos antes citados existen otra gran cantidad de ellos cuya principal misión es clavar o decorar, imitando superficies clavadas o disimulándolas. Es lo que se puede calificar como guarnicionerías.

En tapicería se usan fundamentalmente las siguientes:

Tachuela

La tachuela es un clavo corto y de cabeza grande que se utiliza en tapicería. Hay dos tipos fundamentales: justa y grande. Este tipo de tachuela también es conocida como tachuela de cabeza azulada. Hasta que se inventó la grapadora neumática era el sistema de clavado que se utilizaba antiguamente. Hoy en día está prácticamente en desuso.

Tachuelas

Tachuelas decorativas

Las tachuelas decorativas pueden ser de dos tipos: de cabeza lisa, semiesférica o decorada. Son muy utilizadas en los tapizados en piel o imitación de piel sobre todo en sillones y sofás de estilo inglés, como el típico diseño Chester.

Lo importante de las tachuelas es colocarlas a distancia regular y con un martillo de tapicero, dando golpes secos y no demasiado fuertes para no dañar la superficie de la tachuela.

Tachuelas decorativas

Tachuelas de molde

La tachuela de molde es la tachuela continua que también se la conoce por su nombre comercial: Tapipon. Es una tira de metal que una vez colocada asemeja una decoración hecha con tachuelas semiesféricas. Se coloca con clavos normales y una vez puesta asemeja a la decoración que se hace con tachuela.

Nota

Las tachuelas de molde o continuas reciben también el nombre comercial de "Tapipon".

Clavos con cabeza decorada

Este tipo de clavos se usaba mucho para las sillas y sillones tapizados más antiguos, todos aquellos anteriores al siglo XVII, cuyos tapizados se realizaban en cuero o telas nobles como terciopelos.

Es un clavo cuya cabeza está decorada con diversos motivos y generalmente es de hierro o bronce.

Clavos con cabeza decorada

Válvulas

Las válvulas son elementos que se colocan a colchones, colchonetas y cojines que se realizan con material plástico, vinílico o no transpirable. Su función es permitir salir el aire que se libera tras la presión de un peso o la que se ejerce en el acto de sentarse o tumbarse en un cojín, colchón o colchoneta. También sirve como elemento de aireación. Se colocan en los laterales de los cojines y colchones.

Broches

Los broches son elementos de metal o plástico que tienen dos partes y encajan el uno dentro del otro por presión.

Son llamados también cierres invisibles porque se ponen en algunos puntos para disimular aberturas.

Necesitan de una maquina especial para ponerlos, parecida a la botonadora, con un sistema de matrices intercambiables.

Actividades

7. Indicar situaciones en las que se deban colocar clavos con cabeza decorada, broches, ojetes y válvulas.
8. Informarse sobre los distintos materiales en los que se pueden fabricar broches, clavos y otros elementos.

Aplicación práctica

El taller de restauración "Madera" hace restauración de muebles antiguos. Tienen un encargo de reparar y restaurar una antigua silla de escritorio en caoba y cuero. El respaldo estaba decorado con botones, pero no quedan restos. Como está muy deteriorada no se sabe qué tipo de elementos de guarnicionería podría haber llevado. Indique qué tipo de elementos pueden venir bien.

SOLUCIÓN

No quedan rastros para ver qué tipo de elementos llevaba pero se puede hacer una comparación con muebles de estilo similar. Para ello, se buscará un modelo similar y se comparará el estilo. Como se sabe que el respaldo está adornado con botones, este llevará botones forrados que se harán con fornitura cosida, forrada con el material del tapizado. Para el asiento se puede utilizar algún sistema de tachuelas clavadas para rematar el frontal o brazos si los llevara.

4. Tipos de adhesivos: solventes, acuosos, termoplásticos y otros

Desde que el hombre comenzó a fabricar muebles le surgió la necesidad de utilizar algún tipo de sustancia adhesiva que le permitiera encolarlos y ajustarlos. Desde muy pronto empezó a utilizar adhesivos naturales que encontraba en la naturaleza, desde la sangre a la caseína contenida en la leche, la clara del huevo y algunos adhesivos vegetales como resinas, gomas, caucho, etc.

Un tipo de adhesivo muy antiguo y que aún tiene pervivencia en la actualidad es el que se hace con cartílago animal. Se utilizan restos de pieles, tendones y huesos de animales que son procesados para la extracción de esta sustancia cartilaginosa, a la que también se denomina **cola de conejo.** Se comercializa en placas o gránulos que hay que dejar en remojo varias horas para reblandecerlos y posteriormente fundirlos al baño María para que adquieran una consistencia apropiada.

Sillón egipcio y momia egipcia (Museo del Louvre, París)

Sabía que...

Los egipcios conocían ya el uso de los adhesivos. Así en restos arqueológicos de ajuares de tumbas se han encontrado muebles encolados con resinas animales como la cola de cartílago animal.

Con la industrialización el mundo de los adhesivos también fue avanzando, y poco a poco se fueron investigando nuevas fórmulas que permitieran la adherencia de todo tipo de materiales.

4.1. Características y propiedades de los adhesivos

Los adhesivos son sustancias que permiten unir dos o más elementos, pero este poder de unión no solo depende de la calidad o características del producto que se emplee para pegar, sino que también en gran medida de toda una serie de propiedades físicas de los elementos a unir.

Estas propiedades físicas son de muy variada índole y los avances científicos en la busca de nuevos sistemas de fijación y nuevas sustancias químicas giran en torno al estudio de una serie de teorías científicas que se preguntan sobre las propiedades de los elementos de fijación. Estas teorías son muy variadas y estudian la mecánica de la adhesión, la adsorción, la electroestática, etc. La ciencia cada día está más implicada en encontrar sustancias que sean capaces de unir todo tipo de materiales y así lo ha estado demostrando desde hace mucho tiempo. Estos avances suponen una serie de mejoras en los nuevos adhesivos y pegamentos con los que se investiga, reforzándolos y haciendo que sean cada vez más capaces de unir todo tipo de superficies.

Como todos los productos, los adhesivos tienen una serie de ventajas e inconvenientes.

Como ventajas, se puede decir que los adhesivos son elementos de unión de superficies o elementos que no dañan a las mismas mecánicamente ya que otros elementos de sujeción como clavos o tornillos sí lo hacen.

Importante

Los adhesivos son elementos de unión que no dañan a las piezas mecánicamente, son grandes selladores para las que son metálicas y disminuyen las vibraciones y ruidos de estas.

El uso de los adhesivos en la industria también ha posibilitado nuevas innovaciones en los diseños, haciendo estos más novedosos y ligeros en algunos casos, ya que se prescinde de elementos como tornillos, tuercas, etc., y eso además sirve para ahorrar componentes. Otra ventaja es que son un excelente elemento sellador para las piezas metálicas, evitando la corrosión.

Los adhesivos también, al reducir el uso de elementos susceptibles de que se puedan aflojar o soltar como tuercas y tornillos, disminuyen vibraciones y ruidos.

Pero no todo es perfecto, también tienen sus inconvenientes; por ejemplo, tienen un tiempo de espera antes de que las piezas unidas puedan utilizarse, las uniones o sellados presentan una resistencia bajo-media a las altas temperaturas y tienen un factor de envejecimiento que los deteriora al estar en contacto con el ambiente, como la luz ultravioleta o la humedad. Requieren una preparación previa de las superficies, y en caso de tener que deshacer las uniones a veces es bastante difícil o costoso. Por último, presentan grandes riesgos en cuanto a seguridad y medioambiente.

Distintos tipos de pegamentos

Actividades

9. Indicar situaciones en el tapizado de mobiliario y mural en las que se puede necesitar el uso de adhesivos.
10. Investigar sobre productos naturales de los que pueden obtenerse adhesivos.

4.2. Tipos de adhesivos

Son varios los tipos de adhesivos que se conocen y se utilizan. Cada uno tiene sus características y propiedades y dependen mucho del medio en el que se disuelvan o tengan su base para ser formulados. Es importante para conseguir un buen resultado utilizar el adhesivo que mejor se adapte a las características de material a unir.

Adhesivos de base acuosa

Son aquellos que se basan en disoluciones de sustancias de origen vegetal o sintético (conocidas como polímeros) en agua. Para que se adhieran bien uno de los dos materiales a unir debe ser poroso, y a más porosidad mejor adhesión. Estos adhesivos se endurecen al evaporarse el líquido en el que se diluyen, en este caso el agua, por eso les afecta directamente el ambiente en el que se secan si es húmedo o seco.

Hay dos tipos principales de adhesivos de este tipo:

Celulósicos

En los que se diluyen en agua elementos derivados de la celulosa, es el caso de la cola que se emplea para empapelado de paredes. Han de ser removidos continuamente para evitar que se formen grumos y durante su utilización.

Vinílicos

En estos se diluye en agua una serie de polímeros (molécula compleja que se obtiene de combinar moléculas simples, llamadas monómeros) como alcoholes o acetatos polivinílicos. Un ejemplo es la cola blanca que frecuentemente se usa en trabajos para madera. La superficie a unir debe ser porosa y como el tiempo de endurecimiento es largo conviene asegurar la unión poniendo pesos o haciendo presión en ellos durante largo tiempo.

Adhesivos solventes

Son disoluciones de polímeros en algún tipo de disolvente orgánico. El principio es el mismo que en los adhesivos de base acuosa pero en vez de agua se utiliza un disolvente. El endurecimiento o adhesión de las piezas a unir se produce cuando se evapora el disolvente. Son más rápidos que los de base acuosa pero hay que tener en cuenta que la composición del disolvente no "disuelva" la superficie a unir, como es el caso del porexpán u otro tipo de espuma sintética. Dentro de este tipo de adhesivos está la cola de contacto o pegamento de contacto o también llamado de impacto, muy utilizado en la tapicería y en la industria de piel, cuero y calzado. Las superficies a unir se deben impregnar con el adhesivo y esperar a que sequen un poco antes de proceder a la unión. Hay que extenderlo en ambas caras a unir, no de forma unilateral, salvo en el caso de la espuma de poliuretano (gomaespuma), que hay además que utilizarla cuando el pegamento aún esté húmedo.

Nota

En los adhesivos solventes en vez de agua se usa disolvente para la disolución de polímeros.

Adhesivos termofusibles

Son adhesivos que una vez fundidos se pueden emplear como adhesivo. También se les llama *Hot Melt* (fusión el caliente). Cuando enfrían vuelven a su estado anterior. Las temperaturas de fusión pueden estar entre los 160° a 210 °C. Los hay de varios tipos, pero sobre todo es importante guardar las precauciones necesarias en la manipulación pues pueden causar quemaduras. Para que sean efectivos se deben respetar las indicaciones de uso y del fabricante.

Pistola para encolar

Este tipo de adhesivos sustituye en la actualidad en la tapicería al pegamento de contacto que tradicionalmente se utilizaba para pegar pasamanerías y otros elementos textiles.

Se suelen comercializar en barras y se aplican mediante pistolas apropiadas para ello. El tiempo de endurecimiento varía según la duración del enfriamiento.

Actividades

11. Señalar qué tipo de adhesivo es más seguro: el termofusible o el solvente.
12. Indicar qué precauciones hay que tomar en el uso de adhesivos de secado lento.

Otros tipos de adhesivos

A medida que avanza la técnica y la ciencia se descubren nuevos materiales que a su vez necesitan de soluciones para su unión y manipulación. En el campo de los adhesivos han surgido los reactivos.

Los adhesivos reactivos no se disuelven en ningún medio sino que sus componentes reaccionan endureciéndose gracias a diferentes reacciones químicas ya sea al contacto con agua, aire o con otras sustancias.

Según sean los componentes que los forman los hay de varios tipos:

Anaeróbicos

Son adhesivos que fraguan por la ausencia de oxígeno, y el adhesivo está inactivo mientras está en contacto con el oxígeno. Están formados por una serie de componentes que reaccionan con la superficie en la que se aplican. Se usan sobre todo para unir metales o sellar juntas metálicas.

Los componentes que lo forman reaccionan con el metal provocando una falta de oxígeno en la unión para que así endurezcan.

Cianocrilatos

Son adhesivos que se fraguan o secan al entrar en contacto con superficies con algo de alcalinidad y humedad. Es una reacción muy rápida. Conviene poner poca cantidad y en una de las superficies. Apto para unir cosas pequeñas. Hay que tener mucha precaución con su uso pues la simple humedad contenida en la piel humana es suficiente para hacerlo reaccionar, por eso es frecuente que en su utilización se peguen los dedos.

Epoxis

También son adhesivos reactivos pero que se activan al reaccionar una resina epoxi y un tipo de endurecedor. Son bicomponentes, es decir, que hay que mezclar los adhesivos contenidos en dos tubos o recipientes. Algunos son de fraguado lento y otros, rápido. Pueden ser más o menos viscosos y con poder para rellenar huecos (algunos en forma de masilla).

Nota

Una resina epoxi o poliepóxido es un polímero termoestable que se endurece cuando se mezcla con un agente catalizador o endurecedor.

Poliuretanos

Como ya se ha dicho anteriormente, en la formación del poliuretano intervienen dos componentes: el poliol y el isocianato. Estos reaccionan o bien uniendo estos dos componentes o bien haciendo que estos reaccionen con el aire. Al reaccionar se forman espuma, por lo que se duplican en su volumen. Se suelen utilizar para sellado de uniones como aislantes.

Silicona

También es un adhesivo reactivo y el polímero que lo compone reacciona con la humedad del ambiente, desprendiéndose ácido acético (silicona ácida), alcoholes (silicona básica) y otros compuestos (silicona neutra). Se utilizan en el sellado de cristales, juntas de saneamiento, etc. Los restos una vez secos deben eliminarse mecánicamente.

Pistola para silicona

Aplicación práctica

A una silla de estilo clásico le falta el remate del asiento y respaldo y hay que colocarle un galón decorativo. Indicar qué tipo de adhesivo utilizaría y como lo pondría.

SOLUCIÓN

A una silla de estilo clásico le queda bien colocarle un galón de pasamanería fino por el contorno para tapar la línea de grapas o tachuelas. Hay dos tipos de adhesivo que pueden ir bien, uno es el pegamento de contacto o cola de contacto y el otro el adhesivo termofusible. El primero se encolaría untando una capa de adhesivo con una brocha fina o espátula estrecha en el revés del galón y por encima de la línea de grapas. Habría que esperar un espacio de tiempo y comprobar que no pega al tacto e ir colocando despacio cara de pegamento con cara de pegamento e ir apretando un poco para que quede fijo. El segundo se irá colocando mediante la pistola en la cara del galón, con un cordón fino de pegamento, pegando las dos caras antes de que se enfríe.

Actividades

13. Señalar qué tipo de adhesivo utilizaría para pegar un cojín de gomaespuma.
14. Buscar información y explicar cuál sería el procedimiento correcto para encolar una silla.

4.3. Formas de aplicación de los adhesivos

Los adhesivos por sus especiales características de viscosidad requieren unas formas de aplicación que difieren unas de otras. Además, las propias características de las superficies a unir indicarán cuál es la mejor forma de aplicarlos.

En primer lugar es importante la preparación previa de la superficie a pegar limpiándola de polvo e impurezas. Para las superficies como por ejemplo los metales es preciso un granallado para facilitar la adhesión.

Una vez limpia la superficie es conveniente tratarla para que el adhesivo realice mejor su función y dependiendo de la superficie y del adhesivo en sí se procederá a su aplicación según la viscosidad del producto. Algunos adhesivos como la cola blanca de carpintería se pueden aplicar con brocha o directamente según venga en su envase aplicador. Otros vienen en tubos de los que se aplican directamente y algunos del tipo reactivo hay que amasarlos o mezclarlos previamente siendo necesario utilizar una espátula o similar para extenderlos.

Después es importante hacer presión en las partes a unir mientras dura el proceso del secado, que como será más o menos largo será necesario la utilización de otras herramientas como sargentos o pesos para ejercer presión sobre las uniones.

Algunos adhesivos como los de contacto hay que dejarlos secar antes de unir las partes excepto en el caso de que se pegue espuma de poliuretano, que habrá que hacerlo con el pegamento todavía húmedo.

Nota

La espuma de poliuretano se debe pegar con el pegamento todavía húmedo.

Los adhesivos termoplásticos son un caso aparte. Se comercializan en barras sólidas que necesitan de una pistola especial que lo funde y ayuda a su aplicación. Al enfriarse el adhesivo vuelve a su consistencia original.

4.4. Normas de seguridad para la manipulación y conservación

Como se decía anteriormente, el uso de estos productos está aumentando desde hace unos años. Técnicas como la soldadura o el remachado se están sustituyendo por otro tipo de uniones, especialmente desde que han ido apareciendo la gran variedad existente de adhesivos sintéticos. Cada vez más se emplean todo tipo de adhesivos tanto en las industrias tradicionales que siempre los han requerido, como la de papel, madera, calzado, etc., como en otras como la naval, aeronáutica o de automoción.

En los adhesivos intervienen sustancias que se saben pueden tener efectos nocivos, no solo en los productos base que lo componen sino también en otras sustancias necesarias para su disolución.

La cantidad de disolvente en un adhesivo suele estar entre el 60 y 80%, por ello la evaporación en el proceso de secado representa una serie de riesgos porque estos componentes llegan al organismo principalmente por vía respiratoria y por vía cutánea.

Cuando se utiliza un adhesivo de origen natural no se presentan riesgos importantes ya que su disolvente en muchos casos son también sustancias naturales o agua.

Los efectos nocivos de los adhesivos sintéticos son muchos y diversos según los distintos componentes. Así, los disolventes como el benceno, el tolueno y otros hidrocarburos pueden tener efectos en el sistema nervioso periférico, y en el caso del benceno una acción tóxica sobre la médula ósea que puede manifestarse en leucemia. Otros como el dioxano tienen propiedades cancerígenas y el tetracloroetano provoca grandes lesiones hepáticas.

Nota

El benceno es un líquido incoloro e inflamable, de amplia utilización como disolvente y como reactivo en operaciones de laboratorio y usos industriales.

Los adhesivos Hot Melt se consideran seguros por no contener disolventes y no contaminar las manos, sin embargo desprenden productos al calentar como monóxido de carbono, amoníaco, etc., con sus correspondientes riesgos.

Los adhesivos con disolventes orgánicos son inflamables por lo que deben guardarse en recintos adecuados. Los envases utilizados para su aplicación deben poseer un diseño correcto y con aberturas lo más pequeñas posibles para evitar la evaporación. Se debe prohibir la presencia de envases abiertos y la utilización debe estar prohibida en lugares con peligro de incendio.

Se debe trabajar en zonas ventiladas ya sea con ventilación general y además localizada.

En un trabajo intensivo con adhesivos es conveniente usar guantes o cremas protectoras, que deberán elegirse en función del adhesivo elegido.

Señales de precaución por productos tóxicos

Actividades

15. Indicar qué tipo de protección hay que usar para la manipulación de adhesivos.
16. Investigar si es oportuno que para reducir riesgos se cambien el tipo de adhesivos que se utilizan normalmente en un taller de tapizado, y señalar pros y contras.

5. Tipos de disolventes

Los disolventes son productos químicos capaces de diluir o disolver una sustancia. Son compuestos muy volátiles, inflamables y pueden con gran rapidez formar una mezcla explosiva que prenda con facilidad.

Algunos son productos peligrosos para la salud y en otros casos hasta mortales si no se toman las precauciones oportunas en su aplicación, manipulación y conservación.

Básicamente los disolventes se utilizan para limpieza de otras sustancias industriales y como medio para la aplicación de pinturas, barnices, etc.

A menudo que la industria ha ido avanzando los tipos de disolventes han ido evolucionando. Algunos están prácticamente prohibidos en algunos países y otros pese a su toxicidad se siguen fabricando.

En general, los disolventes que normalmente se aplican en talleres de tapicería no aparecen puros, sino que son una mezcla de distintos tipos.

A continuación se clasifican los disolventes más comunes:

Agua

Es el disolvente común. Diluye principalmente pinturas con base de agua, como temple, pinturas plásticas, esmaltes acrílicos, etc. También colas o adhesivos cuyo medio de disolución sea el agua.

Aguarrás o esencia de trementina

Es el conocido como aguarrás auténtico o aguarrás vegetal. Procede de la resina de los pinos y otras coníferas. Se utiliza como dilución de algunas pinturas y barnices al aceite, esmaltes grasos y otras pinturas. Es volátil e inflamable por lo que hay que usarlo con precaución.

Resina de pino

Importante

La trementina se obtiene de la resina de pinos, abetos y otras coníferas. Se emplea como disolvente de pinturas y barnices.

Aguarrás mineral o *White Spirit*

Es un tipo de disolvente parecido al anterior que se obtiene de forma sintética porque se produce a partir de derivados del petróleo. Es más económico que la esencia de trementina vegetal y tiene los mismos usos que el anterior.

Disolvente universal

Es una mezcla de distintos hidrocarburos, es decir, sustancias compuestas por átomos de carbono e hidrógeno. Dentro de estos compuestos están los esteres, alcoholes y cetonas obtenidas sintéticamente o por destilación. Se utilizan para la limpieza de útiles y herramientas así como disolución de pinturas y barnices. Estos compuestos pueden ser muy peligrosos por inhalación o contacto y hay que utilizarlos con mucha precaución.

Disolvente nitrocelulósico

Es el que se utiliza por ser el más adecuado para disolver los productos nitrocelulósicos, como pinturas, barnices, etc., con esta formulación. También se usa como diluyente para aplicar con pistola. Es, como el anterior, una mezcla de hidrocarburos, ésteres, cetonas y alcoholes obtenidos por destilación y síntesis. Se evapora muy rápidamente.

Disolvente de poliuretano

Es una mezcla de distintos hidrocarburos y otros obtenidos por destilación. Sirve para varios compuestos a base de poliuretano pero conviene probarlos primero.

Alcohol

Limpia y disuelve algunos adhesivos. También sirve para diluir algunos barnices y pigmentos. El alcohol también se utiliza para limpiar algunos tipos de pegamentos.

Disolventes especiales

Son productos específicos para la limpieza de útiles que se han utilizado con ciertos productos y para su disolución; por ejemplo, disolventes de pintura epoxi (xilenos) o disolventes de grasa y aceites en superficies metálicas (tricloroetileno), etc. Son productos muy agresivos con el medio ambiente y muy perjudiciales para la salud.

Nota

El tricloroetileno se usa principalmente como solvente para eliminar grasa de partes metálicas, y también es un ingrediente en adhesivos, líquidos para remover pintura y quitamanchas.

Otros

El petróleo, la gasolina o el gasoil también se pueden utilizar como disolventes o productos de limpieza de pinturas, superficies metálicas, etc.

Actividades

17. Indicar qué tipo de disolvente hay que utilizar para eliminar restos de cola de contacto, gomalaca y cola blanca.
18. Señalar las diferencias entre el aguarrás y el aguarrás puro.

5.1. Características y propiedades

Aunque ya se han apuntado en el apartado anterior, los disolventes pueden tener un origen diverso, y con la excepción del agua que también se puede considerar como disolvente de ciertos productos, en general tienen una serie de características comunes, como son:

- Son sustancias líquidas capaces de disolver otras sustancias.
- Con la excepción del agua, los demás disolventes no pueden mezclarse con ella.
- Son sustancias volátiles, es decir, que rápidamente se convierten en vapor y, por tanto, se pueden inhalar fácilmente y además constituir un riesgo de explosión.
- No se suelen utilizar de forma pura, sino que se usan combinadas entre sí, dependiendo de las indicaciones que tengan.
- Son tóxicos, algunos más que otros y está demostrada en muchos casos su toxicidad en espacios de tiempo no demasiado largos con consecuencias mortales, por lo que hay que tener especial precaución en su uso.

Diversos tipos de disolventes

5.2. Normas de seguridad para su manipulación y conservación

Los disolventes al igual que otros productos químicos como es el caso de los adhesivos presentan unas características especiales en cuanto a conservación y manipulación.

Son sustancias muy inflamables y nocivas, con excepción del agua, y además volátiles, hecho que permite su expansión en el aire. Este hecho hace que sea muy fácil inhalar estas sustancias y a través de los pulmones pasar al torrente sanguíneo y ocasionar graves problemas de salud.

Además del contacto con los disolventes a través del aire, otras vías de contacto son la piel y el sistema digestivo. La piel porque el disolvente entra en contacto a través de las manos en la manipulación de estos productos y el sistema digestivo porque si se come, bebe o fuma mientras se manipulan estos productos las sustancias nocivas pueden pasar al organismo.

Los efectos nocivos de estos productos en el organismo se pueden dar a corto y largo plazo. A corto plazo cuando la exposición a estos componentes es por poco tiempo pero con mucha cantidad. Los síntomas más característicos son irritación de las vías respiratorias y piel, eccema, efectos sobre el sistema nervioso central, mareos, náuseas y vómitos, dolor de cabeza etc. Los efectos a largo plazo tras exposiciones frecuentes y durante mucho tiempo pueden ser lesiones en el sistema nervioso central, lesiones renales, hepáticas, daños en corazón y pulmones, médula ósea, piel, etc.

Nota

En contacto con la piel los disolventes pueden provocar eccema e irritación, ya que estos disuelven las propias grasas de la piel.

Los efectos son muchos y en ocasiones devastadores, por lo que es importantísimo que el trabajador esté informado y formado correctamente. Es imprescindible usar los equipos de protección individual como mascarillas con filtros, guantes, mandiles y botas en caso necesario.

Por su parte, las empresas deben velar por el cumplimiento de las normas y adecuar las instalaciones, concentrando las zonas de actividad, instalando equipos de ventilación general y localizada y efectuando controles de salud frecuentemente.

Las normativa a seguir en la utilización de este tipo de productos se recoge en la Ley 31/1995, de 8 de noviembre (BOE 10 de noviembre), de Prevención de Riesgos Laborales, y el resto de normas referentes a la manipulación de sustancias peligrosas.

Actividades

19. Señalar si es correcto utilizar disolvente mientras se come chicle y razonar la respuesta.
20. Investigar sobre formas de desecho de los restos de disolventes y cómo hay que proceder con ellos.

Aplicación práctica

En la empresa "Decoarte" hacen remodelaciones de decoración del hogar a domicilio. Han recibido un encargo de remodelar una casa en la que tienen que entelar la parte superior de las paredes ya que la parte inferior está cubierta de paneles de madera desmontables que se van a conservar, solo que el barniz está muy deteriorado y se van a barnizar de nuevo; pero primero hay que limpiarlos con disolvente para quitar restos de barniz antiguo.

Continúa en página siguiente >>

<< Viene de página anterior

Indicar qué medidas de seguridad serían las correctas para el barnizado de los paneles.

SOLUCIÓN

En primer lugar habrá que desmontar los paneles y llevarlos a un sitio apropiado, que puede ser las instalaciones de la empresa, que deben estar preparadas para ello con sistemas de ventilación adecuados y alejados del resto de las zonas de trabajo. Los operarios encargados de esta tarea deberán estar suficientemente protegidos con ropa adecuada, guantes, gafas y mascarillas con filtro. Los tiempos de exposición deben ser los mínimos posibles y se deben vigilar las normas de seguridad e higiene contempladas en el plan de seguridad de la empresa. Además, deberán usar los menos tóxicos de todos los disponibles en el mercado.

6. Productos de acabado

La última parte en la fabricación o restauración de un mueble tapizado la constituye el acabado final. Tanto si se trata de muebles de madera o de cualquier otro tipo de material, como si el tapizado se hace de piel o cuero, es necesario dar un tratamiento final. Es lo que se conoce como acabado.

Dependiendo del tipo de mueble o la aplicación que haya que darle se precisará una serie de productos que difieren mucho unos de otros según sea la superficie y el efecto.

A continuación se describirán algunos de ellos aunque solo serán una parte de todos los que existen en el mercado.

Los materiales no textiles que se utilizan en el tapizado de mobiliario y mural son principalmente la madera, algunos metales y cromados y la piel y el cuero.

6.1. Tinturas, ceras, pigmentos y otros

Este tipo de productos son los especialmente indicados para el tratamiento de la madera.

Cada tipo de madera y estilo de mueble requerirá unos tratamientos u otros. Algunos precisarán un acabado natural y otros un barnizado o un lacado. A continuación se explicarán los más importantes:

Tinturas

Cada vez más van surgiendo en el mercado tipos de productos para dar un acabado específico. Se inventan nuevas formas y estilos de terminación de los muebles y para cada acabado se idea una nueva solución o compuesto.

Los tintes para madera son productos creados a partir de materias colorantes que se encuentran diluidas en un medio disolvente. Estos colorantes pueden ser naturales (vegetales, animales y minerales) o artificiales. El medio de disolución de los colorantes naturales puede ser agua o alcohol, y estos tintes se pueden encontrar en el mercado en forma de polvo o gránulos o bien ya preparados de forma líquida (generalmente aquellos que tienen una formulación sintética).

La finalidad es igualar tonalidades en veteados poco uniformes, imitar maderas nobles o igualar el tono de los muebles de madera en una estancia en un determinado estilo decorativo.

No todas las maderas aceptan bien los tintes. Las maderas claras como el haya o el abedul (maderas económicas) son las que se suelen utilizar para ser teñidas con tintes imitando a otro tipo de maderas más caras como roble o nogal, a menudo con buenos resultados, aunque desde luego la persona experta en maderas será capaz de diferenciarlas.

El tintado es un proceso complejo pues se tiene que conseguir una tonalidad homogénea y eso es más difícil cuanto mayor es la superficie a teñir.

Igualar tonalidades es también un proceso difícil pues según de qué madera se trate se obtendrá una tonalidad diferente.

Algunos tintes tienen un doble efecto, pues además de decorar sirven para proteger de la luz y de los efectos del ambiente.

Tipos de tintes

Básicamente hay dos tipos de tintes:

Sintéticos

Aquellos que en su mayoría proceden de subproductos petrolíferos, utilizan un medio solvente también sintético, son muy volátiles, cubren poco y secan rápido; por lo que a más oscuridad, mayor número de capas.

Naturales

Son aquellos que proceden de sustancias naturales como cáscaras y cortezas de frutos o árboles, pigmentos minerales, etc., que tienen como medio disolvente el agua. Son tintes de mayor dificultad de secado, dan una tonalidad más uniforme, pero tienen la desventaja de que al secar de forma lenta hay que esperar hasta el completo secado antes de barnizar, encerar o dar cualquier otro tipo de acabado.

Nuez con pericarpio

Sabía que...

La nogalina es un tinte que se obtiene de la cobertura exterior del fruto del nogal. Esta cubierta, que es verde y se llama pericarpio, cuando la nuez madura cambia de color. Es el momento en el que se extrae el aceite que originará este tinte.

Actividades

21. Indicar qué tinte es más apropiado para teñir las patas de un sofá que han quedado descoloridas por el uso.
22. Buscar información sobre los distintos tipos de madera e intentar reconocer las distintas vetas. Comentar la información con el resto de sus compañeros.

Ceras

Las ceras son compuestos químicos que se producen por esterificación, es decir, la reacción química entre un ácido carboxílico y un alcohol. Este tipo de compuestos se pueden dar de forma natural, producidos por animales, plantas o minerales, o bien de forma sintética, es decir, producidos por el hombre a partir de otras sustancias.

Las ceras son el acabado perfecto para muebles de estilo rústico que no estén barnizados, pero también se pueden aplicar a otro tipo de muebles que con el uso tengan pequeños desperfectos como arañazos o pequeños impactos. Para ello, la cera recubre estas imperfecciones y las trata disimulándolas y dando al mueble brillo y mejorando su aspecto. Algunos acabados no admiten el encerado, como por ejemplo las maderas de caoba o acabados de muebles de estilo en los que el empleo de la cera puede ser incluso perjudicial.

Tipos de ceras

Las ceras naturales más conocidas e importantes para el lustrado de la madera son las ceras de abeja y de carnauba.

Cera de abeja

La cera de abeja es la que es producida en las colmenas por estos insectos. Se denomina también **cera virgen,** que es cera sólida y sin ningún tipo de aditivo. Para aplicarla en el mobiliario de madera hay que fundirla y mezclarla con esencia de trementina, a la que se le puede añadir ciertos toques de pigmento o tinte o bien darla tal cual.

Panal de abejas

Cera de carnauba

La cera de carnauba es la que se obtiene a partir de una palmera llamada *Copernicia cerífera,* originaria de Brasil. Esta planta segrega una cera que protege a sus hojas de la sequía. Cuando se recolecta, las hojas se trituran y se obtiene esta cera que tiene numerosas aplicaciones. Para el encerado de muebles se utiliza en la llamada pátina del anticuario.

Otras

Hay más tipos de ceras que se obtienen de la naturaleza, como la cera de candelilla o la de jojoba, que se suelen usar con fines cosméticos. También hay otras ceras animales como el espermaceti, que es una cera que se obtenía de la cabeza de los cachalotes.

Hay ceras de origen mineral, tal es el caso de la cera de lignito, que se utiliza sobre todo para encerar pieles y en la industria del calzado.

También se producen ceras de forma artificial, derivadas del petróleo. Es el caso de la parafina, de múltiples aplicaciones.

Nota

La cera de parafina se encuentra como un sólido ceroso, blanco, inodoro, carente de sabor, con un punto de fusión típico entre 47 °C y 64 °C.

Nota

Pátina del anticuario
Esta pátina no tiene receta fija, en cuanto a proporciones. Cada restaurador tiene la suya pero básicamente estos son los ingredientes y su preparación.

Ingredientes

- Cera de abeja o cera virgen.
- Cera de carnauba.
- Parafina.
- Esencia de trementina.
- Betún de Judea.

Continúa en página siguiente >>

<< Viene de página anterior

Preparación

Pesar los dos tipos de cera y poner una parte de cera de abeja, una parte de cera de carnauba y otra de parafina. Fundir los ingredientes al baño María con mucho cuidado. Retirar del fuego y añadir dos terceras partes de esencia de trementina y unas gotas de betún de Judea, si se desea que tenga algo de color, teniendo cuidado porque la esencia de trementina es inflamable. Remover y aplicar. Se puede aplicar en frío o en caliente.

En el mercado también existen preparados a la cera, que sobre todo contienen ceras de tipo sintético, en diversos formatos, líquidas, sólidas, en spray, etc.

Pigmentos

Los pigmentos son sustancias colorantes que sirven para dar color a otras sustancias o elementos. Tienen color propio, es decir, cuando la luz incide en ellos, absorben todos los colores menos el que le da color; por ejemplo, un pigmento es azul porque absorbe todos los colores de la luz menos el azul, que lo refleja, y por eso el color que se ve es el azul, el que no es absorbido.

Los pigmentos se suelen usar en forma de polvo seco. A veces se mezclan con otros productos para obtener un tinte, es decir, una solución de dicho pigmento en un medio ya sea aceite, agua u otra sustancia. No todos los pigmentos son solubles, algunos solo se pueden preparar en forma de solución, que se precipita al fondo cuando están en reposo.

Los pigmentos tienen diversos orígenes ya sean de origen natural, como el púrpura de Tiro o de murex, el índigo o el carmín; otros tienen origen mineral pues son óxidos de minerales: óxido de cobre, de hierro, de cadmio etc. Algunos son tierras arcillosas que se muelen creando un polvo fino, como la tierra de sombra, tierra de Siena o los ocres. Otros se obtenían de procesar sustancias: negro de huesos, negro de humo, etc. Con la industrialización surgieron pigmentos nuevos de características industriales que abarataron mucho el coste de las pinturas y los tintes. Estos pigmentos sintéticos dieron lugar a muchos tintes y colorantes.

Carbonato de cobre (conocido como malaquita)

Desde 1925 existe el *Colour Index International*, que es una publicación que se encarga de normalizar los tonos de los distintos pigmentos y tintes y dotarlos de un número de referencia para estandarizar su composición y utilización.

Nota

El *Colour Index International* sirve como una referencia para los empresarios manufactureros de colorantes, así como una fuente de información para consumidores.

Actividades

23. Señalar cuántos tipos de pigmentos conoce.
24. Indicar qué color se obtiene a partir de los óxidos de cobre y buscar información.

Aplicación práctica

Después de tapizar los sillones de un comedor de estilo rústico la madera de los mismos se ha quedado un poco opaca y sin brillo, además tiene algunos arañazos que convendría disimular. Indique qué procedimiento se puede seguir para disimular esos defectos.

SOLUCIÓN

Los muebles de estilo rústico suelen llevar un acabado natural o de aspecto natural. Por eso, un abrillantado con una mezcla de cera de abeja y esencia de trementina puede ser adecuado. Se extenderá templada o caliente, con una brocha en una película fina. Cuando esté seca se bruñirá con un cepillo de raíces o cerdas suaves y se acabará con un trapo que no deje pelusa.

Otros productos

Otros productos para tratar la madera son:

Barnices

Los barnices son el resultado de la disolución de sustancias resinosas en un medio disolvente. Se conocen desde muy antiguo y se elaboraban con resinas de plantas y árboles. Desde la industrialización se comenzaron a fabricar de forma industrial a partir de elementos químicos. Aparecen barnices de poliuretano, nitrocelulósicos, acrílicos, poliésteres, etc.

La función del barnizado consiste en crear una capa muy fina sobre la madera a modo de película que la protege del ambiente exterior.

Lacas

Las lacas son compuestos resinosos que disueltos en un medio solvente cubren la madera ocultando su veta en caso de ser opaca o mostrándola en caso de ser transparente, pero con un acabado extremadamente liso y duradero. Secan muy rápido. Se pueden personalizar incluso en colores

Pantone, con lo cual son muy apropiadas para decorar acorde con telas o con otros elementos decorativos.

Goma laca

La goma laca es la resina segregada por un insecto procedente del sudeste asiático que se disuelve en alcohol. Es quizá uno de los acabados más antiguos que se conocen para los muebles de madera, sobre todo para los de estilo y aquellos realizados en caoba. Este producto suele aplicarse **a muñequilla.** Es una técnica no demasiado difícil pero que requiere experiencia y paciencia pues el proceso es lento pero da excelentes resultados.

Muñequilla

? Sabía que...

La muñequilla es un trozo de tela blanca usada de algodón o lino de trama fina, que no desprende pelusas, y que se rellena con una borla de algodón en rama y se comprime, haciéndola como una especie de borla que sirve para barnizar.

Los aceites para madera sirven para proteger sobre todo la que se encuentra en el exterior. Maderas como teca, cedro, ipe y otras exóticas se benefician de estos tratamientos, que permiten que la madera transpire y conserve sus cualidades con respecto al medioambiente que las rodea.

Actividades

25. Señalar qué tratamiento daría a un sillón de madera de teca y al frontal de un sofá en madera de caoba.
26. Comentar también cómo daría los anteriores acabados, con qué instrumentos, brocha, muñequilla, etc.

Normas de seguridad para la manipulación y conservación

En general, las normas para la conservación y la manipulación de estos productos son muy similares a los descritos con anterioridad.

Los tintes y pigmentos naturales a base de minerales como el cadmio son bastante peligrosos, pues este es uno de los metales más tóxicos que existen. Otros pigmentos peligrosos pueden ser el arsénico, cromo o plomo.

Por ello, es conveniente tomar las precauciones posibles e intentar evitarlos o sustituirlos por otros. En caso de no poder hacerse, hay que utilizar protección respiratoria y cutánea y no comer, beber ni fumar mientras se utilizan.

Las sustancias inflamables como la trementina o algunos solventes como alcoholes y otros sintéticos deben utilizarse en medios adecuados, en lugares bien ventilados y con las protecciones correspondientes, alejados de fuentes de calor o llama y considerar las mismas recomendaciones en cuanto a protecciones y a no comer, beber ni fumar durante su manipulación.

Se deben almacenar en lugares apropiados, lejos de fuentes de calor o llama y algunos de ellos en sitios no accesibles a cualquier persona, sobre todo aquellos potencialmente venenosos. Hay que conservar el etiquetado en el que se indique la composición para poder mostrar a las autoridades sanitarias en caso de accidente.

Informar al trabajador y facilitarle las protecciones oportunas.

Recuerde

La goma laca es una sustancia segregada por algunos insectos del sudeste asiático. Esta sustancia es recogida en árboles y tratada para convertirla en escamas que se diluyen con alcohol y se barniza con ellas. Se usa en muebles, instrumentos musicales, etc.

6.2. Cremas, grasas y tintes

Estos productos son los utilizados para el mantenimiento y cuidado de la piel y el cuero, que en el tapizado de mobiliario se utilizan para confeccionar asientos de sillas y sillones.

El cuero es la piel de un animal curtida, es decir; sometida a una serie de procesos para que se conserve y se prepare para su uso.

Los procesos de curtido son varios y hay diversos procedimientos, pero la piel una vez curtida tiene que mantenerse y tratarse para que luzca y conserve sus propiedades. Son varios los productos que colaboran en esta conservación y mantenimiento según se vaya a destinar el cuero, pues no es lo mismo un cuero para zapatos que para tapicería. Por orden de utilización en los sistemas de acabado de las pieles se van a citar a continuación.

Tintes

Como en otros materiales textiles y no textiles, el tinte es aquella sustancia capaz de colorear madera, tejido y, en este caso, piel.

Hay varios métodos de tintado de cueros que se realizan una vez que la piel está curtida. Es un proceso largo el teñido, pues la piel puede absorber más o menos colorante según la zona y para ello hay que tratarla antes y después de tintarla con diversas fórmulas de apresto y terminación.

Uno es la coloración con colorantes de complejo metálico, que se aplican con disolventes que dependen de la velocidad de evaporación. En este caso se dan con agua. El otro método son los colores catiónicos. Este segundo método se da cuando se parte de pieles curtidas al vegetal o con recurtición fuerte. La cantidad de colorante depende de la intensidad de color que se busque.

Como todos los tintes, los que se utilizan para cuero también tienen un origen natural y otros tintes utilizados son sintéticos.

Las pieles y cueros que se dedican a la tapicería y, sobre todo, a la del automóvil tendrán que superar condiciones especiales de calor y falta de humedad, con lo que el proceso de curtido, tintado y terminación es muy complejo.

En el mercado además existen productos regenerantes y tintantes que permiten tratar las pieles y reparar los rasguños, pero sin duda cualquier labor de restauración de una piel hay que encargarla a un profesional de la tenería o curtiduría.

Grasas

En el proceso de curtido la piel pierde la mayor parte de sus grasas naturales por efecto de los productos que se utilizan para curtir y teñir. Para que la piel aparezca lustrosa y suave hay que tratarla con una serie de grasas animales o vegetales para que le confieran suavidad y brillo además de proteger sus fibras. Estas grasas se dan a la piel en el proceso de curtido. Algunas pieles llevan grasas como acabado final, como el nobuk y otras pieles con un tratamiento especial impermeabilizante.

Lanolina

Sabía que...

La lanolina es una grasa que procede de la lana de carneros y ovejas. Sirve para lustrar cuero y para obtener productos cosméticos.

Son grasas de diversa calidad, tanto animales como minerales, que se emplean para impermeabilizar las pieles en artículos que van a ir a la intemperie o para vida al aire libre, como artículos para montaña, caza, etc.

Cremas

Las cremas son compuestos realizados a base de ceras naturales o artificiales y aceites de la misma procedencia. Su textura en forma de pasta suave o crema las hace apropiadas para emplearla en la piel con ayuda de un trapo suave. Este tipo de cremas en general se aplican en la piel y se dejan secar brevemente para luego abrillantarla. En muchos casos sirven para reparar pequeños arañazos, ligeras decoloraciones o lustrar y proteger la piel a modo de mantenimiento periódico. Hay muchas en el mercado con características similares.

Actividades

27. Buscar información sobre los diversos productos para mantenimiento de pieles.

Normas de seguridad para la manipulación y conservación

En este apartado solamente indicar que las normas descritas anteriormente son también aplicadas a este tipo de productos, especialmente para aquellos relacionados con los pigmentos y tinturas.

Como en este caso muchos de los productos para la conservación y mantenimiento de las pieles son comerciales, que poseen un etiquetado. La recomendación es leer detenidamente las instrucciones de uso y hacer caso de las recomendaciones de los fabricantes en cuanto a tratamientos y exposición a los ingredientes que contengan los productos.

Hay que conservar los envases originales y utilizar la protección necesaria, como guantes, para evitar en la medida de lo posible el contacto con la piel. También hay que evitar beber, comer y fumar cuando se estén manipulando estos productos y hacer hincapié en el trabajador que las normas de conservación y manipulación están para ser cumplidas, por su salud y por la de los demás.

7. Resumen

En este capítulo se ha estudiado cuáles son los materiales relacionados con el tapizado mobiliario y mural que no son material textil.

Se ha aprendido a diferenciar tipos de soportes, como cartón, tableros y otros refuerzos, fornituras y otros elementos metálicos, como tachuelas y otras guarnicionerías.

También se han visto los diferentes tipos de adhesivos, disolventes, tintes y todos los materiales específicos para el cuidado y restauración de maderas, piel y cuero.

Asimismo, se ha hecho especial referencia a todos aquellos productos químicos que intervienen en los procesos de tintura y acabados en los diferentes materiales, insistiendo en las medidas de seguridad e higiene adecuadas que hay que adoptar para la manipulación de esos productos.

Ejercicios de repaso y autoevaluación

1. De las siguientes frases, indique cuál es verdadera o falsa:

a. El cartón piedra está compuesto básicamente de capas de papel mezcladas con aglutinantes.

- ☐ Verdadero
- ☐ Falso

b. El tablex es el clásico material aglomerado que sirve para poner fondos de cajones o traseras de muebles.

- ☐ Verdadero
- ☐ Falso

c. Las fibras de madera son las principales componentes del cartón piedra.

- ☐ Verdadero
- ☐ Falso

2. El contrachapado es:

a. Un tablero hecho de chapa de madera cuya calidad depende de la madera utilizada.
b. Un tablero hecho de virutas de madera y recubierto de chapa de madera noble.
c. Un tablero hecho de cartón prensado para poder hacer los contras de los sofás.
d. Un tablero hecho de fibras.

3. Relacione:

a. Adhesivo vinílico.
b. Adhesivo celulósico.
c. Adhesivo reactivo.
d. Adhesivo termofusible.
e. Adhesivo solvente.

__ Hot Melt.
__ Cola de contacto.
__ Cola de empapelar.
__ Cola de carpintero.
__ Silicona.

4. Un tipo de adhesivo natural conocido desde la antigüedad cuyo nombre es:

a. Cola de conejo.
b. Pata de buey.
c. Cola de caballo.
d. Goma laca.

5. Sopa de letras. Busque seis tipos de fornituras y componentes prefabricados.

B	S	X	F	T	J	K	N	O
R	C	T	A	X	H	G	B	J
O	V	A	L	V	U	L	A	E
C	D	Y	L	Ñ	R	M	O	T
H	C	J	I	U	R	O	L	E
E	F	E	B	O	T	O	N	T
S	S	D	E	Y	S	U	F	F
T	A	C	H	U	E	L	A	T

6. Relacione las siguientes afirmaciones:

a. Los adhesivos son sustancias que permiten unir dos o más elementos...
b. Los adhesivos de base acuosa...
c. Los adhesivos epoxi...

__ Son el resultado de diluir un polímero vegetal o sintético en agua.
__ Pero el poder de unión no depende solo del producto, sino de una serie de propiedades físicas de los elementos a unir.
__ Son adhesivos en los que hay que mezclar componentes.

7. Los disolventes son:

a. Productos que sirven para disolver una sustancia.
b. Productos para quitar manchas resistentes.
c. Productos muy volátiles.
d. Las respuestas a. y c. son correctas.

8. Completar la siguiente frase.

El aguarrás auténtico o la esencia de trementina procede del procesado de las resinas de ______________.

9. De las siguientes frases, indique cuál es verdadera o falsa:

a. Las ceras son compuestos químicos que se producen por esterificación, es decir, la reacción química entre un ácido carboxílico y un alcohol.

- ☐ Verdadero
- ☐ Falso

b. Las ceras naturales más conocidas son la carnauba, la de avispa y la cera de patinar.

- ☐ Verdadero
- ☐ Falso

c. Las ceras son el acabado perfecto para muebles de estilo rústico que no estén barnizados.

- ☐ Verdadero
- ☐ Falso

d. Hay ceras de origen mineral.

- ☐ Verdadero
- ☐ Falso

10. ¿Qué son los pigmentos?

a. Sustancias colorantes que sirven para dar color a otras sustancias o elementos.
b. Colores disueltos en agua o aceite.
c. Una mezcla de tinte y cera.
d. Ninguna de las respuestas anteriores es correcta.

11. Sopa de letras. Busque seis nombres de pigmentos:

D	C	A	D	M	I	O	K	S
S	D	F	F	W	D	H	I	I
R	O	C	R	E	S	O	K	E
K	T	Y	I	L	Z	G	T	N
M	A	L	A	Q	U	I	T	A
E	T	G	U	J	Q	D	T	J
G	C	A	R	M	I	N	E	U
R	T	E	A	S	F	I	F	J

12. Completar la siguiente frase.

Los ________________ sirven para proteger muebles de madera, sobre todo los que están en el exterior.

13. De las siguientes frases, indique cuál es verdadera o falsa:

a. La lanolina es una grasa que procede de la lana de ovejas y carneros.

- ☐ Verdadero
- ☐ Falso

b. Los tintes naturales solo se comercializan disueltos.

- ☐ Verdadero
- ☐ Falso

c. La nogalina es un tinte que se hace a partir de la cobertura de los frutos del castaño.

- ☐ Verdadero
- ☐ Falso

14. Las cremas son compuestos que se hacen a base ceras naturales y pigmentos y sirven para...

a. ... mantener la piel joven.
b. ... evitar las arrugas.
c. ... restaurar y mantener pieles y cueros.
d. ... cerrar los poros de la piel.

15. Completar la siguiente frase.

Las normativa a seguir en la utilización de productos como barnices, disolventes, tintes, adhesivos y otros productos químicos se recoge en la Ley 31/1995, de 8 de noviembre sobre ______________________.

Capítulo 3

Reconocimiento de las características de la piel y cuero

Contenido

1. Introducción

Uno de los materiales no textiles usado en trabajos de tapicería es el cuero. El cuero y la piel fueron los materiales que principalmente se utilizaron en la confección de sillones y tapicerías, y aún se siguen usando en la actualidad para la confección de sillones, sofás y otros muebles tapizados a los que se les quiere dar un toque de distinción por medio de la elegancia y la calidad.

Un sofá o sillón de cuero o piel es un mueble para mucho tiempo y rentable, pues da garantía de calidad y comodidad.

La piel y el cuero se utilizan en el tapizado de todo tipo de muebles de estilos muy distintos. La piel puede ir trabajada, decorada o lisa con diferentes terminaciones, que le conferirán distintos acabados para los diferentes estilos de muebles a tapizar.

En el capítulo que a continuación se abre, se realizará un repaso sobre cuáles son los distintos tipos de pieles que se utilizan en tapicería y los distintos tratamientos a los que se las somete; además de cómo reconocerlas, tratarlas y cuáles son sus acabados y los cuidados que se les debe proporcionar para mantenerlas en buen estado.

2. Estructura de la piel

La piel es el recubrimiento exterior de los animales. Es el órgano mayor del cuerpo y está constituida por tejidos de tipo epitelial, conjuntivo, nervioso, etc.

En el apartado que a continuación se va a desarrollar se van a explicar la estructura de la piel y su forma, orientado todo a la elaboración de pieles y cueros aptos para el tapizado de muebles y otros usos, ya que dependiendo del uso que se le vaya a dar la piel tendrá un tratamiento u otro.

La piel se trabaja por el lado de la carne para obtener acabados como el serraje o el ante, y por el lado de la epidermis o cara superficial donde se encuentra el pelo o lana. Esta cara exterior se la denomina flor.

Nota

La flor en las pieles adobadas es la parte exterior, que admite pulimento, a distinción de la llamada carnaza.

La piel es una sustancia heterogénea, generalmente cubierta de pelos o lana, y está formada por varias capas. En la piel se revelan las características importantes del animal, como es el caso de la edad, sexo, medioambiente donde se ha desarrollado y estado de salud. Estas características son importantes en el resultado al finalizar el proceso de curtido.

Pieles secándose

La piel tal y como se obtiene del animal correspondiente se denomina piel verde. Esta piel verde, todavía fresca, necesita de una serie de procesos para que no se deteriore o se pudra. A estos procesos se les denomina curtido. Son unos procesos muy variados, físicos porque hay que tratarla quitando la capa de grasa y descarnándola, para eliminar todo resto de carne, quitando el pelo en caso de que no se vaya a utilizar y tratándola con diferentes productos que eliminen el exceso de humedad para evitar la descomposición.

Lo ideal para el curtido de la piel es poder estirarla en una superficie plana y tratarla con soluciones de sal o salmuera o de otros elementos que la hagan resistente pero a la vez suave y maleable. El método más empleado consiste en estirar la piel y cubrirla sucesivamente con capas de sal y una nueva piel, formando pilas de capas de piel y sal para acelerar el proceso de secado, que será previo al curtido.

Las pieles con pelo merecen un trato aparte, pues es importante tratarlas adecuadamente para que el pelo no se deteriore.

El cuero de calidad proviene de pieles de espesor uniforme, sanas, sin defectos y resistentes, que provengan de animales sanos de razas seleccionadas tras un curtido adecuado.

La estructura de la piel varía de unos animales a otros, pero básicamente se diferencian en las distintas capas y sus anexos.

Actividades

1. Señalar en qué dos partes principales se puede seccionar una piel curtida.
2. Investigar sobre los sistemas de curtido en épocas pasadas y por qué cree usted que las curtidurías solían estar a las afueras de las ciudades.

2.1. Partes de la piel

No todas las pieles tienen la misma estructura, y no solo difiere su composición de un animal a otro sino que la estructura también puede variar dentro del mismo animal. Hay una serie de características que la hacen diferente y que influyen en esta composición de la piel, como pueden ser la raza del animal, la edad, la alimentación, etc.

Pero pese a todo, básicamente se compone de:

- **Epidermis.** Es el lado de la piel más externo y superficial. Representa aproximadamente el 1% del espesor total de la piel. Esta capa se elimina en el proceso de curtido.
- **Dermis.** También se la conoce como corium. Esta parte es primordial para el curtidor ya que es la que se convierte en cuero y representa un 85% del espesor de la piel. Se sitúa por debajo de la epidermis y está separada de ella por una membrana con unas características diferentes según cada tipo de animal. La dermis, a su vez, se divide en dos capas diferenciadas en las funciones y metabolismo de los animales, una es la dermis papilar y la otra la dermis reticular. La dermis papilar presenta fibras elásticas, vasos sanguíneos, fibras de colágeno y terminaciones nerviosas. La capa reticular tiene una serie de fibras conjuntivas más gruesas que la capa anterior.
  Nota: la dermis se divide en dos capas: la dermis papilar y la reticular.
- **Hipodermis.** Es el tejido subcutáneo que queda pegado al llamado **lado de la carne.** Constituye aproximadamente un 15% del espesor total de la piel y se elimina en el proceso de descarnado. Esta capa está formada por células grasas limitadas por tabiques de fibras colágenas y presenta pocas fibras elásticas.

Capas de la piel

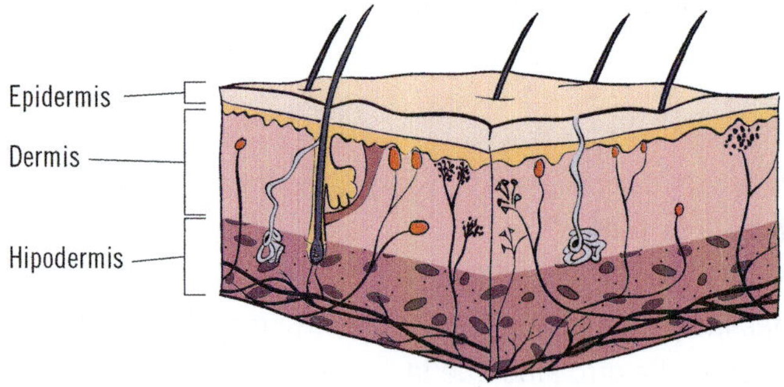

Otra parte importante que también hay que considerar en la estructura de la piel son los llamados anexos cutáneos. Los anexos cutáneos son aquellos tejidos similares en composición pero que no son piel propiamente dicha, como es el caso de los pelos, las uñas, las glándulas sebáceas y las sudoríparas.

El pelo es una acumulación de capas córneas en forma de escamas con una estructura cilíndrica. Se sitúan en la dermis.

La uña es una estructura que se sitúa en los extremos de los miembros. También se le llama pezuña y garra, según sea su forma dependiendo al animal al que pertenezca. Las uñas están formadas por células que contienen una proteína fibrosa que se llama queratina.

AZ Definición

Queratina
Proteína rica en azufre, que constituye la parte fundamental de las capas más externas de la epidermis de los vertebrados y de sus derivados, como plumas, pelos, cuernos, uñas, pezuñas, etc., a la que deben su resistencia y su dureza.

Las glándulas sebáceas son las encargadas de lubrificar la piel del animal emitiendo sustancias grasas que le ayudan a protegerse de la intemperie. Se localizan en la dermis y van asociadas a pelos.

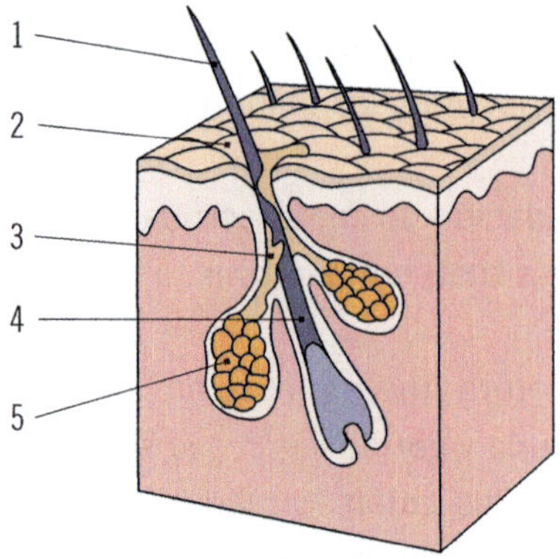

Folículo piloso y glándula sebácea: 1. Pelo, 2. Piel, 3. grasa, 4. Folículo piloso, 5. Glándula sebácea

Las glándulas sudoríparas se localizan en la parte profunda de la epidermis. Son glándulas que emiten el sudor y tienen forma de ovillo. La hay de dos tipos, ecrinas y apocrinas, estas últimas controladas por hormonas sexuales pues son las encargadas de segregar las feromonas.

Glándula sudorípara

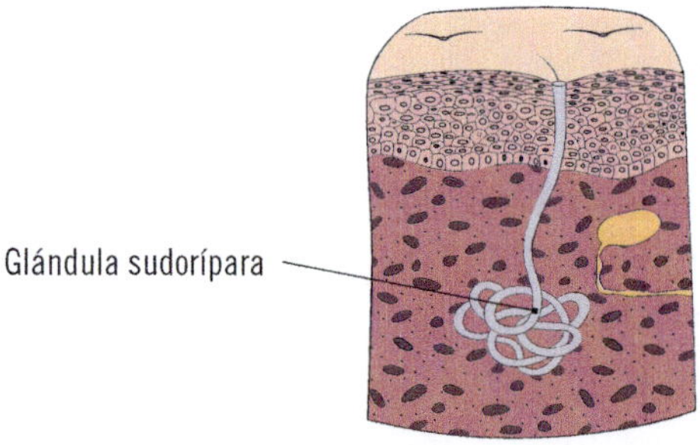

La piel, una vez desollada del animal y en ese estado que se denomina **en verde,** tiene dos caras: la cara exterior que va recubierta de pelo y la cara interior o capa **de carne,** es decir, la que queda pegada al animal. Alguna piel como la de bovino es demasiado gruesa para trabajarla en una sola capa, por eso se exfolia en dos y a veces en tres hojas. La parte de la piel exterior es la capa de flor, y en el caso de los bóvidos como vacas o toros hay que tener en cuenta que ocupa una sexta parte del grosor total. La capa que queda pegada a la carne es el ante y si es de grosor suficiente se saca una tercera capa que es el serraje y es la intermedia entre estas otras dos.

Esto depende mucho del tipo de animal del que se extrae la piel. En el cuero bovino el grosor de la capa de flor ocupa una sexta parte del grueso total; en la ovina ocupa la mitad; pero en la porcina no se diferencian las capas, o bien tienen dificultad para ser separadas.

Actividades

3. Definir flor, serraje, epidermis y glándula sudorípara.
4. Señalar por qué cree usted que las pieles son rugosas y no lisas.

2.2. División superficial de la piel

La piel de animal desollada y sin curtir todavía se la denomina piel verde. Esta piel está tal y como se separa del cuerpo del animal.

En la piel animal se diferencian una serie de zonas con sus características determinadas en cuanto a composición y grosor. Hay que tener en cuenta que en los animales hay zonas de piel mucho más finas que otras, sobre todo las menos expuestas o que requieran una movilidad especial.

Importante

Las zonas fundamentales de la piel de un animal son el crupón, el cuello y la falda.

Las principales partes de una piel son:

- **Crupón.** Corresponde a la parte de la piel de la región dorsal y lumbar del animal. Es la zona más homogénea por grosor y estructura. Su peso corresponde aproximadamente al 45% de la piel fresca.
- **Cuello.** Corresponde a la parte de la piel del cuello y cabeza del animal. Su espesor y compacidad son irregulares; en el caso de que el animal sea viejo presentará muchas arrugas marcadas. El cuello representa el 25% del peso total de la piel.
- **Falda.** La falda es la parte de la piel del animal que cubre el vientre y las patas. Son partes muy blandas e irregulares. Son aproximadamente un 30% del total del peso de la piel.

División de la piel

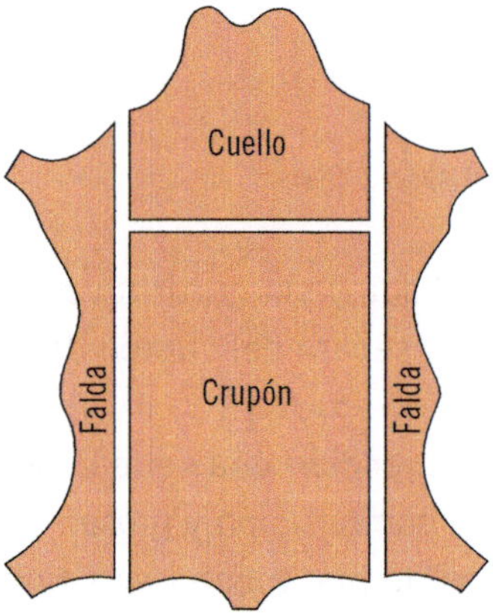

Las pieles se pueden trabajar enteras o bien se seccionan para su mejor aprovechamiento o manejo. Según la forma de corte, se pueden clasificar en:

- **Media piel:** si se cortan por el espinazo. Dos medias pieles dan lugar a una piel entera.

Media piel y media piel desfaldada

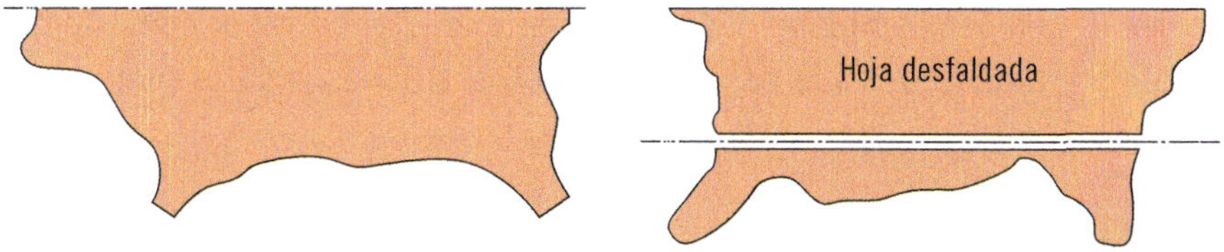

- **Hoja desfaldada:** si a esa media piel se le corta la parte baja de las faldas.
- **Desfaldado o dosset:** si a la piel entera se le cortan las zonas de faldas y se respeta la zona central.

Desfaldado o dosset

Actividades

5. Investigar qué es el crupón.
6. Señalar por qué las pieles deben seguir ese esquema de corte.

3. Tipos de pieles

Según sea la característica de la piel dará origen a un tipo de cuero diferente. Son muchos los animales de los que se obtienen pieles y según las características de cada uno darán origen a unos tipos de pieles apropiados para según qué usos.

Para la tapicería, ya sea de muebles o en el sector de la automoción, las pieles deben ser completas de gran superficie. Deben tener consistencia muy elástica y blanda aunque para algún tipo de sillones o sillas pueden ser más firmes.

A continuación se citan las más importantes:

3.1. Piel bovina

Es la piel procedente de animales como vacas, toros, bueyes y otros bóvidos. De estos animales, se seleccionan las bien conformadas y con espesor uniforme en toda la superficie y se procura que la diferencia de grosor sea la mínima pues si se producen desigualdades ocasionan problemas en el curtido.

De los cueros de estos animales se obtienen las pieles denominadas de becerro charolado, velour, ternera agamuzada, calcuta, nonato, serraje y *box-calf*. Todos estos tipos de cuero se trabajan por la flor, menos el serraje y los agamuzados y afelpados, que se elaboran por la carne, imitando el ante auténtico.

Se clasifican por su edad y tamaño en terneras, vacas y novillos, bueyes y toros. Las más grandes suelen tener pesos que varían entre 15 y 20 Kg. De peso en sangre (piel desollada en fresco), las pieles de menos de 15 Kg se consideran pequeñas. Las más grandes son las de vaca y novillo. Para las más pesadas se reserva el nombre de bueyes y de toros.

En los animales jóvenes como las terneras, la capa papilar ocupa la mitad del grueso del total de la piel; puesto que la capa reticular todavía está creciendo o formándose.

Dan un corte y grano fino aptos para destinarlos a confecciones finas, sobre todo las vacas. Los toros y novillos tienen una piel más gruesa y menos elástica pero también de buena calidad, siendo superior si los animales son jóvenes y se han criado a campo abierto y no en establo. Por su tamaño y calidad se utilizan mucho para tapicería.

Cuero de vaca

3.2. Piel de cabra

La piel de cabra tiene una estructura muy fina y se destina a la confección de calzado de alto precio, guantes, encuadernaciones, etc. A más juventud del animal, el cuero es más fino y de mayor valor. La piel de cabra tiene una estructura fibrosa y compacta.

Dentro de este grupo estarían el tafilete, el cordobán o la cabritilla. Las pieles de cabra son menos adiposas que las pieles de oveja y el pelo está muy inclinado sobre la superficie exterior de la piel.

Nota

El tafilete es un cuero bruñido y lustroso, mucho más delgado que el cordobán.

Las pieles de cabras y ovejas no se suelen separar sino que se procesan tal cual o bien por el lado afelpado o de carne o por la flor; si es tratada se denominará en napa. Esto da como consecuencia una piel de calidad pues las fibras no están cortadas.

Cuero de cabra

3.3. Piel de oveja o carnero

Procedente de estos animales, que se crían principalmente para utilización de lana o carne. Las pieles de mejor calidad las proporcionan las razas cuya lana tiene escaso valor. Se hacen guantes, bolsos y se utiliza en la industria del calzado. Un ejemplo de este tipo de piel es la badana que se curte a base de polvo de cortezas de roble. La piel de oveja tiene muchas células adiposas y es más difícil de curtir que otro tipo de pieles. El entrelazado de sus fibras es flojo y en razas de ovejas cuyo pelo es largo, la piel suele ser de mala calidad. Son conocidas las pieles de corderiña, napa y moca, que proceden de animales pequeños sacrificados a los pocos días de nacer, y se utilizan sobre todo en la confección de guantes para señora.

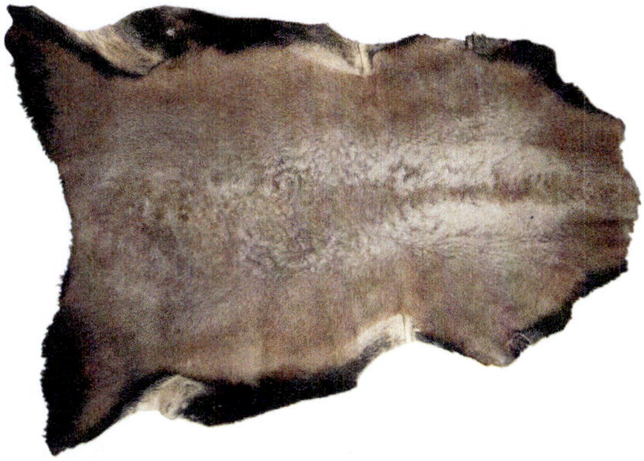

Piel de oveja

Nota

La hiperqueratosis se debe a una acumulación excesiva de queratina en las capas externas de la piel.

3.4. Piel de cerdo

La piel de cerdo posee unas características especiales que la hacen interesante sobre todo para guarnicionería, tapicería, marroquinería, calzado etc. Son pieles con muchas células grasas. Se utilizan las pieles de animales como jabalíes, cerdos o pécaris. En las pieles de cerdo los folículos de pelo son gruesos y penetran hasta la capa subcutánea, no se quedan solo en la epidermis. Estos pelos gruesos llamados cerda, dan a la piel un aspecto característico. Son pieles compactas. Como en todas las pieles, las de las hembras son más finas y con mayor regularidad en el grosor. Las pieles de cerdos y jabalíes que viven en la intemperie son más gruesas que las de los que se crían en establos, y las de los jabalíes concretamente pueden presentar marcas de arrugas en el cuello producidas por una enfermedad llamada hiperqueratosis, frecuente en estos animales, y también marcas de rozaduras y rasguños debidas a las peleas.

Piel de cerdo

3.5. Piel de caballo y otros équidos

Se incluyen en este apartado las pieles de caballos y yeguas, potros, asnos, mulas, etc., y de ellos se obtienen pieles conocidas como suela de caballo, piel de caballo, potro, etc. Es en general una piel muy desigual, aunque tiene una estructura muy similar a la de vacuno pero de menor calidad. En estos animales es típica la línea de la crin en el espinazo. También es característico en esta piel que aparezca en la cara trasera un enrejado de finos haces de fibras compactas que dan buenos resultados a la hora del curtido, pues si la piel se trata por esta cara se originan serrajes compactos y muy resistentes a la abrasión. La cara delantera, mientras tanto, una vez desprovista del pelo origina unas pieles suaves y ligeras.

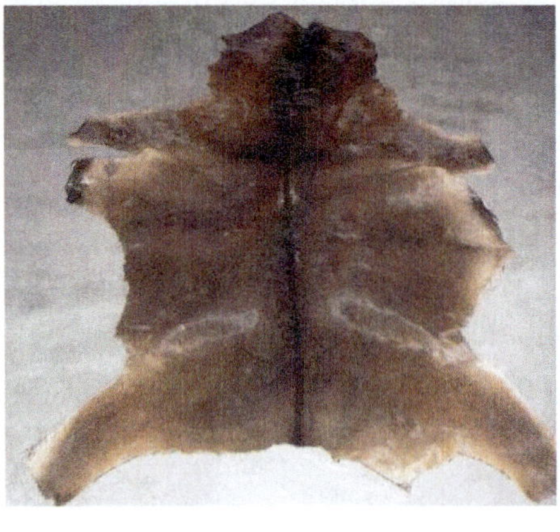

Cuero de caballo

3.6. Otros tipos de pieles

Mención aparte dentro de esta clasificación la merece las pieles de gamuza, que se obtenían de animales como gamos, ciervos y otros ungulados. Tienen un tacto y suavidad característicos, y se han utilizado para guarnicionería, guantes y otros complementos.

Nota

La piel de gamuza después de curtida queda suave, aterciopelada y de color amarillo pálido.

Hay otros tipos de pieles que no son utilizadas en tapicería, como pueden ser de animales como nutrias, chinchillas, algunos reptiles como cocodrilos, lagartos, etc., sobre todo porque en muchas de ellas se conserva el pelo y además son pieles de pequeño tamaño apropiadas para marroquinería o calzado. Pero últimamente sí que se están haciendo diseños con pieles de algunos peces como el tiburón, que se empiezan a utilizar en la industria del automóvil, para tapizados en aviones, embarcaciones de lujo, etc.

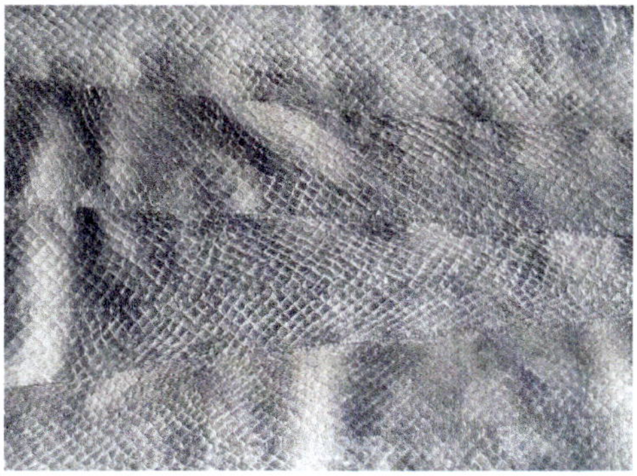

Cuero de pescado

Actividades

7. Indicar qué tipo de piel sería la apropiada para tapizar un sofá, confeccionar calzado, confeccionar un bolso o encuadernar un libro. Razonar la respuesta.
8. Informarse sobre la piel de tiburón y sus aplicaciones.

Aplicación práctica

Usted tiene un taller de tapicería artesanal. Un cliente ha traído un sillón de gran tamaño para tapizar y quiere hacerlo en piel. Usted tiene en catálogo pieles de distinta procedencia animal, desde piel de oveja a de vaca. Indique a su cliente qué tipo de pieles le irían mejor para el tapizado.

SOLUCIÓN

El sillón de gran tamaño necesitará una piel grande. Las pieles más apropiadas serán aquellas de gran tamaño como suelen ser las de vacuno.

4. Procedimientos de identificación de las pieles curtidas y aplicaciones

Las formas o procedimientos más comunes y por otro lado lógicos para proceder a la identificación de las pieles y cueros consisten sobre todo en el seguimiento de sus etiquetas de clasificación, en la observación y la comparación del material con un muestrario; y en sencillos análisis para comparar su resistencia, solidez, flexibilidad, tolerancia al roce y resistencia del color con respecto a la luz y otros agentes.

Sabía que...

Sobre el año 2500 antes de Cristo, los sumerios empezaron a usar el cuero, tachonado con cobre, en las ruedas de los carros.

En este apartado solo se tratarán aquellos parámetros que se deben valorar con las pieles curtidas en un estado semiacabado o acabado, pues estas no solo se comercializan en estos estados de curtido, sino según para qué usos se pueden encontrar en el mercado en fase cruda o en cualquiera de los estados previos al curtido definitivo; pero en cada fase se tienen que observar una serie de características distintas.

Ya se decía con anterioridad que cada piel es distinta, pues pertenecen a animales distintos, no solo por la raza sino que también tienen unas características añadidas en cuanto a la forma de crianza de dicho animal. Se dirían que son unas características añadidas. Estas características añadidas, como por ejemplo los defectos que pueden presentar, pueden indicar los distintos tipos de pieles, pero eso se verá más adelante.

Todas las pieles que se comercializan deben pasar un control de calidad en los puntos productores. Deben estar convenientemente etiquetadas y clasificadas en cuanto a grosores, partidas o fechas de elaboración, color, etc. Es pues obvio indicar que el primer dato que se tiene que valorar es la comprobación del etiquetado.

Otro tipo de procedimiento sería la observación y la comparación.

Es valioso contar con un muestrario para poder comparar las distintas pieles. Un dato que puede dar una pista importante sobre qué tipo de piel se trata son los folículos pilosos que quedan en la superficie una vez la piel ha sido limpiada de pelo o lana.

La forma de esos folículos difiere de uno a otro animal. Por ejemplo, la piel de vaca tiene pelos grandes y espaciados por lo que las cavidades que alojan esos folículos son grandes y espaciadas pero de aspecto uniforme.

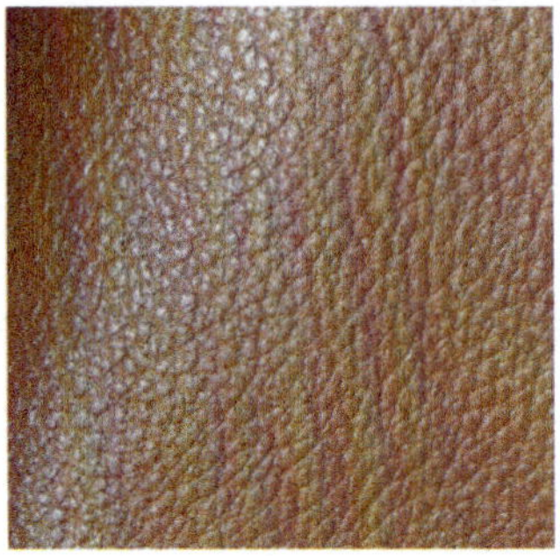

Piel de vaca

La piel de cerdo, en cambio, tiene poca cantidad de pelo, y estos van agrupados de tres en tres. La piel tiene un aspecto menos liso que otras.

Piel de cerdo

La piel de cabra tiene sus características peculiares, pues sus grandes pelos crecen de forma agrupada y alineada pero a su vez de forma espaciada.

Piel de cabra

Las pieles de oveja y cordero son de aspecto variable según la densidad y el crecimiento que haya tenido el pelo, aunque estos crecen de forma alineada. Los folículos son largos y espaciados.

Las otras pieles exóticas, como las de peces o de reptiles, son fácilmente reconocibles por su aspecto después de haber sido limpiadas de las escamas. No obstante, es conveniente contar con muestrario para comparar.

Nota

Siempre es importante tener un muestrario para poder comparar e identificar de qué tipo es una piel.

Observar las pieles por el lado de la carne también puede dar alguna pista sobre todo al observar aquellas que no se suelen separar en capas como las de oveja o cabra, debido a que su grosor no lo hace conveniente.

Actividades

9. Señalar cuáles son las principales diferencias entre las pieles de vacuno, cerdo y cabra.
10. Indicar para qué sirve un muestrario de colores o tipos de piel.

Otro punto importante que va a dar la información necesaria consiste en todo un sistema analítico para comprobar el estado de curtido que definitivamente indique su naturaleza, y si este se hace de forma correcta. Existe una normativa aplicable a la producción de pieles, por ello mediante un análisis de control en laboratorio se comprueban estos parámetros de resistencia al desgarro, solidez del color, flexibilidad, resistencia ante la humedad, grado de acidez o PH, etc.

Desde luego, los sistemas de análisis de laboratorio dirán exactamente el estado de la piel o el cuero, pero hay una serie de sencillos procedimientos que pueden servir para determinar el estado de la piel:

- Para la **resistencia al rasgado** se puede tomar un trozo de piel, dar un corte en un extremo e intentar rasgar con fuerza con ayuda de las manos.
- Para **comprobar la elasticidad** de una pieza de cuero se puede ejercer presión por la parte trasera con una llave o bien con un elemento romo como un bolígrafo o similar y comprobar cuál es el grado de estiramiento.
- Para la **resistencia a la luz** se puede tomar un trozo de piel y exponerla al sol unos días para luego comparar el color con el resto de la piel.
- **Otros aspectos** que se pueden valorar son la calidad del teñido, friccionando la piel con un paño blanco y comprobar el tinte e impermeabilidad; para ello se deposita una gota de agua y se observa si penetra en la piel o no.

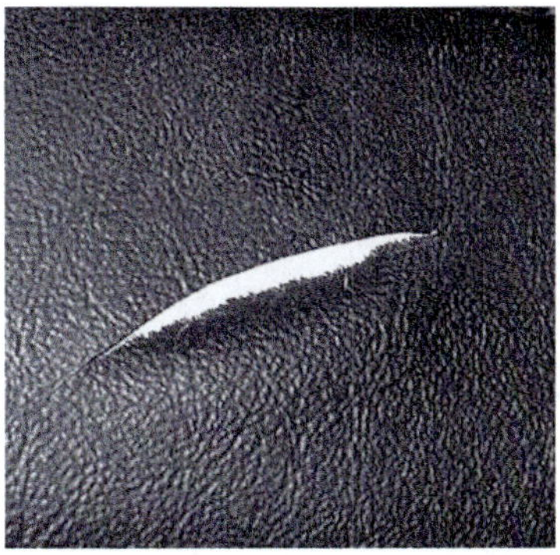

Piel con desgarro

Las pieles de flor corregida son aquellas en las que la flor estaba deteriorada y esta se ha corregido, dándole un tratamiento especial a base de esmerilado que la convierte en una piel de aspecto afelpado y semejante al ante. Estas pieles deben también pasar una serie de test en cuanto a solidez del color, resistencia al roce y rayado y humedad.

4.1. Aplicaciones de las pieles

Se decía anteriormente que las pieles más adecuadas para las tapicerías de sofás, sillones y otros muebles tapizados deben ser de buena extensión. Las pieles más grandes que se pueden encontrar en el mercado son las de bovinos, como vacas, toros, bueyes, búfalos, etc. Estas pieles además de poseer otras cualidades como la textura de la flor se le pueden conferir otra serie de características añadidas en el proceso de curtido. Las pieles para tapicería deben ser muy elásticas y flexibles, especialmente suaves las que se dediquen a cojines, pues hay que tener en cuenta que deben contar con un relleno blando y que la presión ejercida al sentarse así lo precisan. El espesor debe oscilar entre 1 a 1'5 mm. Deben ser pieles con color uniforme y alta resistencia a la luz y al roce y cumplir la normativa al respecto de estas cuestiones, como la norma DIN 54004 en cuanto a resistencia a la luz, la DIN 53329 en cuanto a resistencia al desgarre, no tener un PH superior al 3'5 y otras normas con respecto al roce y la flexión repetida.

Sofá y sillón de piel

Importante

Las pieles para tapicería deben tener una alta resistencia a la luz y el roce, siendo elásticas y flexibles, con un espesor que oscile entre 1 a 1'5 mm.

Para las sillas y sillones se toleran gruesos algo mayores, en torno a los 2'5 a 4 mm, pero con las mismas exigencias en cuanto a resistencia, flexibilidad, color, etc.

Los cueros y pieles para tapizado de automoción requieren unas características especiales, ya que además de las antes citadas deben incluir una resistencia especial ante el rayado y, sobre todo, al cambio brusco de temperatura frío-calor, ya que no hay que olvidar que los automóviles pueden estar sometidos a temperaturas extremas sobre todo en lo referente al calor.

Sucede algo similar en cuanto a las pieles destinadas al tapizado de sillones para aviones, pues además de todas las características citadas se deben incluir en ellas tratamientos ignífugos.

Actividades

11. Señalar qué tratamientos debería recibir una piel para tapizado de la industria del automóvil, y razonar la respuesta.
12. Indicar por qué se cree que es importante que las pieles para tapizar sillones y sofás sean resistentes pero no gruesas.

5. Principales defectos de las pieles

Las pieles están en continua transformación aun cuando ya hayan sido sometidas a un proceso de curtido. El curtido solo hace retrasar el proceso natural de degradación, ya que si dicho proceso está hecho correctamente la piel puede tardar mucho tiempo en degradarse, llevando además un mantenimiento adecuado.

Las pieles, por esa misma naturaleza de entidad natural y orgánica, tienen unos defectos que a veces son achacables a la propia piel en sí, como arrugas que corresponden a pliegues del animal, como a otro tipo de defectos como ataques de insectos, descuido en la crianza de los animales, etc. Otros defectos de las pieles son los atribuibles a la mala manipulación por parte del hombre en cuanto a conservación, curtido o manipulación.

Nota

En la actualidad se conservan algunos defectos para demostrar al comprador que es piel natural auténtica.

A continuación se verán los más característicos.

5.1. Defectos naturales de las pieles

Dentro de los defectos naturales de las pieles estarían los propios de las razas y los que pueden suceder de forma fortuita, como heridas, marcas por insectos, enfermedades, etc., y aquellos que están producidos debido a las condiciones de vida del animal, como heridas o marcas de orina o heces y marcas producidas por hierros candentes.

Defectos propios de las razas

A veces sucede que algunos de estos defectos de las pieles son atribuibles a las razas. Las ovejas merinas, por ejemplo, con una lana de excelente calidad, poseen un cuero con orificios que no llegan a traspasar la piel. Algunos animales tienen además muy marcados los costillares o bien el caso de los jabalíes, que presentan hiperqueratosis en el cuello, lo que da lugar a la creación de un tejido marcado con profundas arrugas que son imposibles de eliminar en el curtido.

Arrugas

Infestaciones por parásitos e insectos

Parásitos como garrapatas, piojos o sarna dejan marcas en la piel, bien por las picaduras o como en el caso de la sarna por el continuo rascado que provoca en los animales, que llegan a hacerse heridas en algunos casos profundas que luego se convertirán en cicatrices. En algunos animales se producen infestaciones por un parásito llamado barro, en el que la larva de este insecto anida en la piel del animal hasta que acaba su proceso de metamorfosis y sale en forma de mosca. Son las llamadas miasis.

Sabía que...

La sarna la provoca un ácaro o arador, que excava túneles bajo la piel, produciendo enrojecimiento, tumefacción y un intenso prurito.

Heridas, enfermedades, etc.

Algunas heridas se las producen los mismos animales, bien porque las condiciones de estabulación no sean correctas, como el caso de los arañazos por alambre de espino, o porque ellos mismos se las provocan en peleas, como las cornadas. Otras heridas que pueden dejar marcaje son las producidas por intervenciones quirúrgicas o bien las que provocan abscesos, verrugas, granos, etc. Otras heridas son las producidas por el marcaje de los animales por hierros candentes o bien por pintura, que dejan serias marcas en la piel.

A veces en algunas pieles aparecen venas que no han sido bien drenadas durante el proceso de desuello y por eso pueden provocar un defecto luego en la piel.

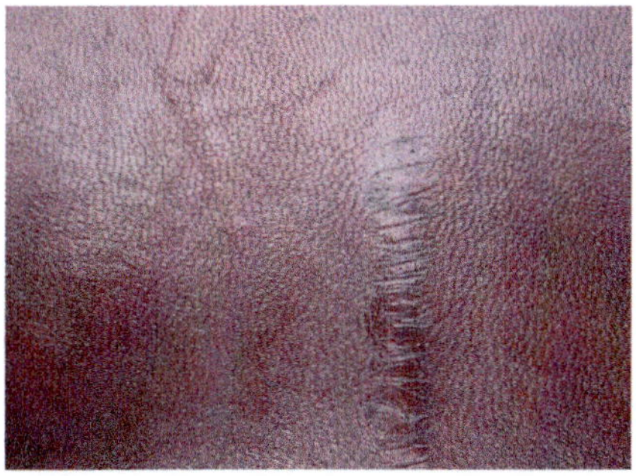

Cicatriz

Actividades

13. Indicar al menos tres parásitos que puedan dañar las pieles de los animales.
14. Explicar cómo daña el parásito barro la piel.

5.2. Defectos ocasionados por el hombre: de conservación, de curtido y de manipulación

Algunos defectos de las pieles son ocasionados durante la manipulación de las mismas en el matadero o bien en los procesos de curtido o por una deficiente conservación de las mismas. A continuación se expondrán los más característicos.

Defectos en animales vivos

Algunos defectos que se producen en las pieles se producen por un trato inadecuado de los animales en el camino al matadero, donde se les extraerá la piel. A veces golpes o cortes producidos en el transporte, ya sea en camiones o trenes, originan heridas abiertas que no dan tiempo a que se cicatricen antes de llegar al destino. Otras veces las marcas con hierro candente o nieve carbónica producen heridas por calor o frío, así como rasgaduras producidas en unas maniobras de esquila deficientes, que por las prisas pueden originar cortes que no den tiempo a sanar. Las manchas en la piel producidas por excrementos o deficiente higiene de los animales también originarán unos defectos difícilmente solucionables.

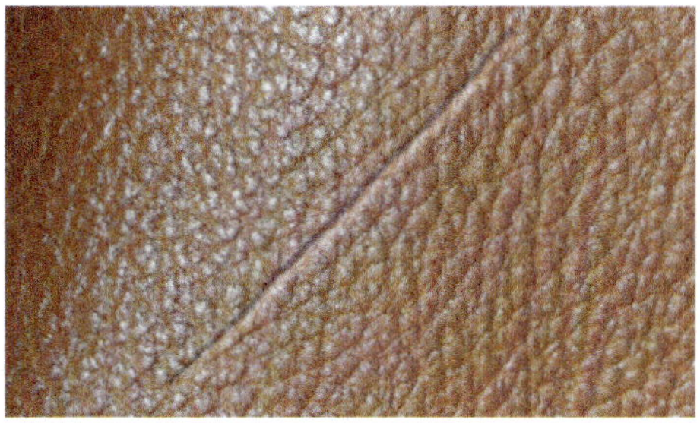

Latigazos

Defectos producidos en las pieles en el desuello

Algunos de estos defectos también se producen en las pieles en el manipulado durante el desuello, ya que se pueden provocar cortes que sean irreparables.

Defectos en el curtido

Desde el principio de la elaboración del curtido se pueden dar una serie de defectos que irían desde un exceso o defecto en la sal que conserva a los cueros al principio del curtido y que puede provocar podredumbre de la piel o bien que las capas se separen inadecuadamente, hasta quemaduras producidas en la piel por exceso de productos químicos.

Diferencia de textura

Defectos acaecidos durante el almacenaje

Este es otro grupo de defectos que se pueden ocasionar a las pieles. Pueden ir desde unos inadecuados medios de conservación como alteraciones en almacenaje, que pueden hacer a la piel vulnerable a mohos y humedad, contribuyendo a su deterioro.

Nota

Un exceso de productos químicos en el curtido puede provocar quemaduras en la piel y defectos muy evidentes.

Aplicación práctica

Tiene unas pieles con una serie de marcas. Una es de jabalí y tiene unas arrugas significativas. La otra es una piel de vacuno con unos orificios un tanto llamativos. La tercera piel es de oveja en apariencia perfecta, que presenta unas manchas en un extremo de la zona pegada a lo que serían las nalgas del animal. Determine qué tipo de defectos son y a qué se atribuirían.

SOLUCIÓN

La piel de jabalí con arrugas es muy clara. Las arrugas se deben a que quizá el animal era de edad y presentaba las características arrugas de hiperqueratosis en cuello. La marca de la piel de vacuno puede ser por picadura de tábano o similar. La piel de oveja manchada quizá se deba a los excrementos o la orina por hacinamientos de los animales. Los dos primeros son defectos de tipo natural y el tercero es atribuido a cuidados deficientes de los animales.

6. Manipulación y clasificación de pieles y cueros

El cuero y las pieles siguen un sistema de manipulación particular. Desde que la piel es extraída del animal pasa por una serie de procesos que van desde la conservación hasta el curtido. Este tipo de procesos antiguamente se hacía de forma manual y aunque todavía la manipulación humana tiene mucho que ver cada vez más la industria entra en este campo aportando soluciones a esta ardua tarea.

6.1. Procesos de manipulación

Los principales procesos de manipulación a los que se enfrenta una piel antes de estar preparada para proceder al tapizado de un sofá o sillón son los siguientes:

Ribera

Se conocen como trabajos de ribera a los primeros procesos que recibe la piel desde que está cruda o salada. Es el primer paso. La piel se somete a remojo y se procede con ella a eliminar pelo, restos de carne y grasa mediante procesos físicos y químicos, preparándola para el precurtido o *wet-white*.

Preparando la piel para el curtido

Curtido

El curtido es el proceso por el que la piel absorbe una serie de compuestos que hacen que se convierta en cuero, con sus características peculiares. Este curtido puede ser mediante vegetales, que ha sido la forma tradicional y que se utiliza cada vez más por no tener efectos nocivos en el medio ambiente, y se realiza con cortezas de árboles como el castaño, el abedul, el zumaque, etc.; y los curtidos con productos químicos muy contaminantes y peligrosos, como con sales de cromo o de aluminio, hierro y otros materiales químicos. Después de este proceso se obtiene el llamado *wet-blue*. Después de este curtido se procede al escurrido y división de la piel en sus distintas hojas: flor, serraje, etc.; y es aquí cuando las pieles se clasifican según el grosor obtenido y los usos que se les vayan a dar. Después de esto, se procederá a un baño de neutralización para fijar el proceso antes de comenzar con el paso siguiente.

Wet-blue

Sabía que...

La llamada piel de Rusia es cuero de una vaca fina, el curtido se hace con corteza de sauce y se satura con aceite de abedul. Es impermeable, flexible y de fuerte olor.

Recurtido

En este estadio la piel, con un tratamiento previo se someterá a un recurtido o tratamiento que se da al cuero con productos químicos de nuevo para completar la fase anterior o dotarlo de unas características finales, como mayor resistencia al agua, mayor blandura o base para favorecer e igualar el teñido. En esta etapa se procederá también al teñido, engrase y posterior secado.

Teñido de pieles en Fez (Marruecos)

Semiacabado

Son varias las operaciones de semiacabado como acondicionado de la piel, y para ello hay que interrumpir el secado para que la fibra no quede excesivamente dura. El secado es otra operación de ablandado de las fibras, pero para ello estas se rompen mecánicamente mediante maquinaria apropiada para ello. Posteriormente se da un desempolvado o un lijado en el caso de las pieles afelpadas. En este punto se realiza la clasificación.

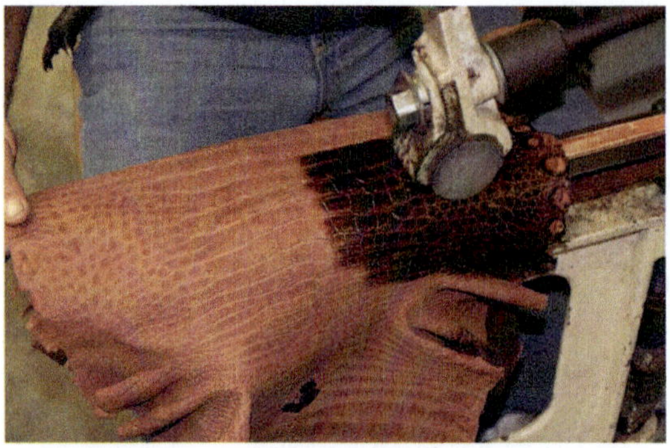

Operario recurtiendo

Mediciones y clasificación

Es la penúltima parte del proceso. Las pieles se miden, a veces incluso con maquinaria electrónica, para determinar su tamaño y grosor. La firmeza, la intensidad del color y el aspecto de la flor son otros aspectos valorados en la clasificación.

Los cueros se clasifican para adaptarlos a los diferentes artículos que se vayan a fabricar, por eso se determina a qué sección de acabado se enviarán. Los que tengan defectos se intentarán reciclar dándoles una serie de tratamientos para corregir los distintos defectos.

Cueros de distintos colores y gruesos

Acabado

Las operaciones de acabado son muy variadas según los efectos que se quiera dar a una piel. Son procesos que dotan a las pieles y cueros de suavidad o aspereza (es el llamado tacto, que puede ser frío, cálido, suave, etc.). También estos procesos de acabados si se realizan con resinas, barnices o determinados productos químicos permiten que las pieles tengan resistencia ante los agentes externos: luz, calor, humedad etc.

Las pieles si están bien tratadas tienen una duración de mucho tiempo. Es importante que se mantengan unas condiciones de humedad y temperatura constantes y adaptadas a ellas.

En este manual se parte de que para el tapizado de muebles y otros elementos las pieles se obtienen curtidas y preparadas para su uso. En general, las pieles que se utilizan para tapicería son pieles finas de escaso grosor y su manipulación es realizable fácilmente con las herramientas para tapizar. En caso de que el cuero para sillas o sillones fuera un poco más grueso se utilizarán herramientas de corte como cuchillas en vez de tijeras o leznas, punzones o agujas gruesas en vez de agujas normales para perforar el cuero. Se deben conservar en un lugar apropiado y para su manipulación es aconsejable el uso de guantes de tela que protejan la piel de la grasa y la suciedad.

Pieles para tapizar

Definición

Lezna
Instrumento que se compone de un hierro con punta muy fina y un mango de madera, que usan los zapateros y otros artesanos para agujerear, coser y pespuntar.

Actividades

15. Explicar resumidamente el proceso de manipulación de una piel para convertirse en cuero.
16. Señalar tipos de tratamientos de curtido.

7. Clasificación de las pieles por tamaño, grosor, calidad o acabado

Son varias las formas de clasificación de las pieles: por su tamaño, grosor calidad o acabado.

En las primeras instancias del proceso de curtido, la clasificación de las pieles se da por tipos de animales: bovino, cerdo, caprino, etc. Otro tipo de clasificación la da el tamaño de la piel, pues no todas son iguales ya que no todos los animales son de la misma altura o peso, aún en la misma especie. Hay animales que son más grandes que otros, eso es evidente, lo mismo ocurre con el sexo de los mismos especímenes. Las hembras suelen ser más pequeñas y su piel más fina. Por tanto, la clasificación de las pieles en este sentido será por superficie y tamaño de las mismas.

Importante

Las pieles utilizadas para tapicería son pieles finas sobre todo para sofás y cojines y algo más gruesas para sillones o sillas.

Otro tipo de clasificación que se puede dar en el proceso de curtido es por el grosor que va ligado al tamaño de la piel. Las pieles de animales más grandes como vacas y otros bóvidos o equinos son mayores en superficie y grosor. Las pieles de animales más pequeños como ovejas y cabras son más pequeñas en superficie y al ser menos gruesas no permiten ser divididas en capas como ocurre con las pieles de vacuno durante el proceso de curtido.

Pero, sin duda, la clasificación específica de las pieles se obtiene según el tipo de curtido que se da a la piel, dependiendo del uso que se le vaya a dar. Según la piel se destine a la confección de vestimenta, zapatería o marroquinería se someterá a curtidos diferentes como por ejemplo, al cromo, al vegetal, esmerilados, etc.

Como se veía anteriormente, al final del proceso de curtido, las pieles se separaban en las distintas capas, sobre todo las de más grosor como las de bóvidos. A partir de aquí entraban en el proceso de recurtido y posteriormente el acabado, donde se le daban una serie de tratamientos y acabado que también servían como clasificación.

Como sería demasiado extenso abarcar todos los acabados de pieles para todos los usos, se expondrán aquí los más utilizados para tapicerías.

Para tapicería se suelen emplear pieles de vacuno porque tienen un tamaño apropiado para tapizar muebles, además como son separables en capas, se suele obtener la capa primera de flor o la capa más externa para tapizar, por su suavidad y elasticidad.

7.1. Clasificación según calidad de la piel

En la industria del mueble tapizado no solo se utilizan pieles auténticas sino que también se usan subproductos de la piel o pieles sintéticas. A continuación se van a ver los distintos tipos de pieles más utilizados en el tapizado mobiliario y mural.

Pieles auténticas

Son las pieles naturales trabajadas y curtidas y corresponden a la capa de la dermis, es decir, del lado externo del animal.

Nota

La piel flor es la que se utiliza con más frecuencia para los diversos trabajos de tapicería.

Piel plena flor

La piel plena flor es aquella que tiene mayor calidad ya que se ha obtenido de animales bien cuidados y tras ser seleccionados pasan exhaustivos controles de calidad. Son pieles excelentes a las que se aplica un curtido esmerado. Son de elevado precio pues son seleccionadas pero conservan defectos naturales pues les dan valor añadido de autenticidad. Debido a su elevado precio se usan poco en tapicería.

Piel flor

Son pieles de gran calidad pero ya se han sometido a un ligero tratamiento para disimular o eliminar imperfecciones o defectos superficiales. Los acabados que se le dan son de protección frente al exterior. Es el tipo de piel más utilizado en tapicería. Además se le suele dar un acabado denominado **espesorada,** que le confiere un tacto esponjoso y cálido.

Piel flor rectificada

En este tipo no se aprecia el poro natural porque las pieles han sido sometidas a muchos procesos, sobre todo los de lijado, que eliminan la textura. Tienen un acabado homogéneo y son pieles aptas para cualquier mueble tapizado, resistentes y muy utilizadas en sofás de piel más económicos, pero no disfruta de la misma sensación de calidez que con la flor espesorada.

Subproductos de la piel o pieles sintéticas

Son productos similares a piel, obtenidos o bien a partir de pieles naturales o como el caso del polipiel de forma totalmente sintética.

Serraje

El serraje es un subproducto de la piel que se obtiene de dividir las distintas capas de piel. Su resistencia es menor que la de las pieles auténticas pero se le suele aplicar tratamientos endurecedores para mejorar su resistencia. En tapicería se suele usar para el tapizado de zonas de poco roce como trasera, base o laterales de los brazos.

Importante

El serraje se suele utilizar para tapizar las zonas de poco roce, como la trasera o los laterales de los brazos.

Ecopiel

Es un subproducto de la piel que está compuesto por restos de recortes de piel triturados y ligados con algodón y látex. Tiene un acabado similar a la piel. Abaratan mucho los precios de los muebles.

Polipiel o piel sintética

Es un producto totalmente sintético que tiene aspecto de piel pero sin sus propiedades. Su uso está muy extendido ya que es muy económico. Ofrece una baja resistencia al rasgado y al uso. Se recomienda para tapizar zonas del sofá que no estén en contacto con la persona que se sienta: base, contra y base de los brazos.

Polipiel para tapicería

Aplicación práctica

La señora Pérez ha encargado a su taller el tapizado de un sofá de piel de vacuno para su nueva casa, a la que quiere imprimirle una decoración hogareña y funcional. Indique qué tipo de piel utilizaría para el tapizado del sillón.

SOLUCIÓN

Para el sofá se utilizaría una piel de vacuno de calidad flor y con tratamiento espesorado para darle mayor sensación de calidez, sobre todo en cojines, respaldo y zonas de mayor roce, porque es una piel resistente y cálida. Para zonas laterales de los brazos, contra y zonas de poco roce, para economizar el costo del material se utilizaría un serraje del mismo color y con una imitación del poro para que no desentone con el resto.

Actividades

17. Definir piel flor, serraje y polipiel.
18. Explicar brevemente qué tipo de piel de las anteriormente citadas utilizaría para tapizar un sillón de lujo.

7.2. Según tipos de acabado

Es quizá la clasificación más importante que se hace de los distintos tipos de piel. Los acabados se pueden hacer según:

La técnica

Abrillantables, con planchas, a soplete o a cortina. Para ello se utilizan distintos tipos de maquinaria que extienden el producto sobre el cuero. Pueden ser sopletes tipo aerográfico, airless u otro tipo de maquinaria de imprimación de rodillo, de cortina, etc.

Los productos

Caseínicos, plásticos o con polímeros. Los primeros son productos que se obtienen a partir de proteínas como la albúmina o la caseína. También se pueden dar otro tipo de acabados según barnices a base de resinas o polímeros. Dan acabados brillantes en los que se aprecia el poro de la piel. Por ello debe ser una piel de muy buena calidad ya que el poro queda resaltado, en algunos casos incluso acentúan los defectos como arrugas, cicatrices, etc.

Según el poder cubriente

Anilina, semianilina, pigmentado, etc. Se hace en función del pigmento utilizado, así se pueden observar varias modalidades:

AZ Definición

Anilina
Amina aromática, oleosa, incolora, tóxica por ingestión, inhalación o absorción a través de la piel, que tiene muchas aplicaciones industriales, especialmente en la fabricación de colorantes.

Acabado anilina

Es aquel que se hace en cueros de alta calidad y que no presentan irregularidades en su superficie. Consiste en un recubrimiento transparente que no debe ocultar el poro natural de la piel, y se utiliza para ello pigmentos orgánicos, colorantes y ligantes a partir de pigmentos orgánicos y resinas para continuar con una mezcla de abrillantadores proteínicos.

Acabado semianilina

Se efectúa sobre pieles que presentan irregularidades y tienen cierto efecto cubriente conseguido por la acción moderada de pigmentos orgánicos o minerales.

Acabado pigmentado

Es un acabado muy cubriente, cuyos objetivos son dar brillo, resistencia a los agentes externos y al roce húmedo y seco. Este acabado oculta el poro pero sus objetivos son poder de cobertura, da brillo y se le suele además dar un grabado en la flor para disimular defectos

Otros tipos de acabado

También hay otros tipos de acabados como el charol y los acabados especiales de estampación, que no se suelen dar para pieles de tapicería aunque sí para confección de zapatos o bolsos o bien los tratamientos que se dan al ante, nobuk y otras pieles de aspecto afelpado.

Charol

El charol es un acabado que se suele aplicar en cueros de baja calidad y ya rectificados. Consiste en acabar la piel aplicando una gruesa capa de barnices que proporcionan el típico brillo a este artículo. El charol clásico era un acabado realizado con barniz de aceite y se solía hacer en color blanco o negro. En la actualidad se realiza en todos los colores.

Ante y nobuk

Para obtener este acabado, las pieles de vacuno se esmerilan ligeramente por el lado de la flor. Dependerá mucho del tipo de curtición y recurtición que se le de a la piel. Deben secarse planas y una vez secas es conveniente peinarlas para que el aspecto sea uniforme.

Estampación

Son técnicas que se aplican en talleres de estampación. Consiste en aplicar moldes o pantallas que se impregnan con color y se aplican a las pieles o tejido para formar dibujos. En la actualidad, parece que están tomando cierta importancia, estampándose en pieles de cordero con motivos y dibujos que principalmente se usan en la industria del vestido.

Actividades

19. Señalar cómo se pueden clasificar las pieles.
20. Buscar en una enciclopedia información sobre las anilinas y exponerla.

8. Contenido de las fichas técnicas de identificación de pieles y cueros

Las fichas técnicas son documentos en los que se detalla la información, descripción y características de un objeto, material o proceso de forma pormenorizada. Contiene datos como nombre del producto, características físicas, el modo de uso, especificaciones técnicas y otras propiedades. Es muy importante redactar estas fichas correctamente porque así se evita la incorrecta manipulación de un producto o un uso incorrecto.

Como ejemplo, se puede considerar una ficha técnica como la siguiente, en la que se reflejan las distintas características de una piel.

FICHA TÉCNICA

Producto: Piel de flor de vacuno con acabado brillante.

Descripción del producto
Piel de vaca curtida al cromo y recurtida con recurtientes sintéticos. Teñida con anilinas acidas y acabada con productos naturales y reticulantes para dar el brillo.

Características:
PH= 3'5.
Color: Rojo Burdeos.
Espesor: 1 mm a 1'5 mm o especificaciones del cliente.

Formas de almacenaje:
Deberá almacenarse en lugar fresco y seco, en estantes a un temperatura entre 15 a 25° C, con luz blanca y con un sistema de extracción de humedad. El porcentaje de humedad relativa de almacenaje debe estar entre el 55%.
Manipular con guantes

Recomendaciones:
No exponer a la luz solar por periodos consecutivos de más de 2 meses para colores claros y 10 para tonos oscuros (el color de la piel puede variar).

CADUCIDAD
La piel puede durar más de 10 años, con las recomendaciones y cuidados especificados en esta ficha técnica.

LIMPIEZA
Si la piel es humedecida con agua dejar secar naturalmente, no someter a aire caliente.
Con una tela de algodón blanca puede limpiar el producto para retirar el polvo y poder dar la misma apariencia de brillo. No aplicar cremas de limpieza sobre la superficie de la piel, ya que el acabado brillante se torna a opaco.

Continúa en página siguiente >>

<< Viene de página anterior

FICHA TÉCNICA	
Producto: Piel de flor de vacuno con acabado brillante.	
ESPECIFICACIONES TÉCNICAS Y NORMATIVA APLICADA	
Resistencia a las temperaturas. Al humedecer la piel soporta temperaturas hasta 92 °C	**DETECCIÓN DE LA EXTENSIÓN Y RESISTENCIA A LA TRACCIÓN** NORMA UNE 59025 Resultado carga inicial (momento de la rotura del lado de la flor) 31 daN. Resultado carga final (momento de la rotura del lado de la flor) 40 daN. Resultado distensión inicial 6'5 mm. Resultado distensión final 8'7 mm (daN deca-newton).
RESISTENCIA AL DESGARRE NORMA UNE EN ISO 3377-2-2003 NORMA UNE EN ISO 3377-1-2012 **Desgarre longitudinal:** 105 Newton **Espesor:** 1'31 mm **Desgarre trasversal:** 84 Newton **Espesor:** 1'31 mm	**SOLIDEZ DEL COLOR AL FROTE** NORMA ISO 26082-1-2012 CAMBIO LEVE (normal por el efecto de la abrasión continua). **DETERMINACIÓN DE LA ADHERENCIA DE LA PELÍCULA DE ACABADO** NORMA UNE EN ISO 11644-2009 **Sentido longitudinal:** 10 (interpretación de resultado bajo escala de grises). **Sentido longitudinal:** 8 (interpretación de resultado bajo escala de grises).

Como se puede ver en este ejemplo de ficha técnica, en los apartados del primer documento se recogen todas las especificaciones sobre los cuidados que requiere la piel, sus condiciones ambientales para una buena conservación y consejos para limpieza de la misma.

En el segundo documento se especifican las normativas a las que se acoge el fabricante de la piel como garantía de calidad.

9. Procedimientos de conservación de pieles y cueros

Las pieles una vez curtidas están preparadas para resistir durante mucho tiempo, por eso un curtido bien hecho es aquel que ha incorporado en sus elementos curtientes ciertos tratamientos o productos que prepararán la piel para que se conserve mucho tiempo.

Estos tratamientos tienen características diferentes, como productos antimoho o tratamientos especiales para la eliminación de insectos durante el proceso de curtido.

Una vez acabado el proceso de curtido, las pieles deben guardarse o almacenarse en estancias frescas o cámaras frigoríficas donde el balance entre temperatura y humedad relativa del aire sea constante. Estas temperaturas deben oscilar entre los 2 ºC y 4 ºC, con una humedad relativa en torno a 55% o 60%. En estas condiciones es difícil que sobrevivan ácaros o polillas que puedan estropear la piel.

Importante

Para almacenar las pieles de forma correcta hay que controlar los niveles de temperatura, humedad y luz de la estancia o recinto que se utilice.

La luz solar es otro elemento que deteriora el colorido de la piel y además puede provocar sequedad en la misma. Por eso es conveniente que en los lugares de almacenamiento de la piel la luz sea controlada y que las pieles no se expongan a la luz del sol.

Las pieles se deberán almacenar en estantes protegidos del suelo.

Almacén de pieles

10. Limpieza y mantenimiento de pieles y cueros

Los sillones, sofás y otros muebles tapizados de piel o cuero son susceptibles de recibir muchos tipos de manchas como cualquier otro mueble tapizado; manchas originadas por el roce, por el polvo y por el uso. Pero el mayor problema que suelen presentar en la limpieza es que las pieles tienen tendencia a decolorarse con los productos de limpieza, incluso con aquellos específicos para piel o cuero. Por ello, es conveniente realizar una pequeña muestra de limpieza en un lado no visible.

Las pieles teñidas con anilinas no deberían presentar problemas, pero si la mancha fuera resistente se puede limpiar con algún producto decapante y si se notara alteración del color la solución puede estar en tintar de nuevo con un tinte algo más oscuro e impregnar la piel a fondo para luego aplicar algún producto impermeabilizante.

Las pieles pigmentadas es conveniente limpiarlas con kits de limpieza especiales para piel y cuero, pues son menos agresivos.

Los productos de limpieza tradicionales no son apropiados pues contienen amoniaco que daña la piel.

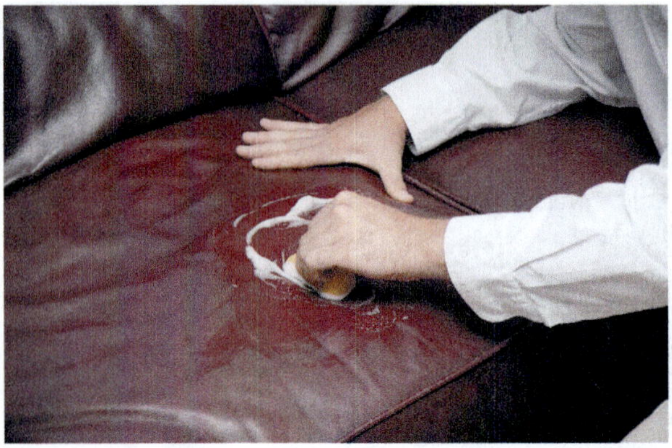

Limpieza de cuero

Otros remedios para limpiar la piel pueden ser aplicar grasa de caballo, que ayuda a evitar el cuarteado, y la mezcla de jabón, agua caliente y glicerina o aceite, que también puede ayudar a la limpieza.

Actividades

21. Indicar si estos productos son apropiados para la limpieza de piel o cuero: amoníaco, lejía, jabón infantil y champú.
22. Investigar qué es la grasa de caballo.

Para el mantenimiento de los muebles de cuero básicamente se utilizan productos como:

- **Ceras.** Que pueden ser naturales o sintéticas, como la cera de abeja, la lanolina, carnauba, parafina, etc. Mezclar cera con esencia de trementina para el abrillantado y limpieza de pieles suele dar buen resultado.
  Nota: la lanolina es una sustancia análoga a las grasas, que se extrae de la lana del cordero y se utiliza para la preparación de pomadas y cosméticos.

- **Limpiadores.** Son productos específicos para la limpieza de piel y cuero. Como se comentaba anteriormente suelen venir en kits completos para cada cuidado específico.
- **Restauradores.** Son productos que restauran la piel, pero son costosos y difíciles de aplicar. En casos especiales de graves deterioros en la piel lo más conveniente es encargar la restauración a profesionales.

Aplicación práctica

Tiene unas sillas de comedor tapizadas en piel de color claro que se han manchado de algún tipo de colorante. Indique qué pasos se pueden dar para eliminar la mancha.

SOLUCIÓN

Habría que buscar un kit para limpieza de pieles adecuado al tipo de colorante que la ha manchado. Se procederá primero a efectuar una prueba en un lugar no visible para ver la reacción. Si la piel no se decolora, proceder a limpiar la mancha. Si hubiera que insistir mucho en la limpieza y la zona se quedara algo decolorada se podría igualar el tono del resto con un tinte especial impregnando bien la zona. Por último, se podría acabar con algún producto específico para acabados.

11. Resumen

En este capítulo se ha aprendido a reconocer las distintas características de la piel y el cuero y cuáles son los tipos de pieles más comunes en la industria del mueble tapizado. Se ha visto la composición de la piel y sus diferentes capas, los tipos de pieles según procedan de los distintos animales y cómo identificar cada una de ellas. También se ha podido comprobar los distintos procesos por los que pasa una piel antes de convertirse en el tapizado de un sofá o sillón, y los defectos naturales o artificiales que dichas pieles pueden presentar. Por otro lado, se han repasado los distintos sistemas de clasificación de las pieles, bien por color, tratamiento, acabado o grosor.

Otro apartado ha sido comprobar la información que lleva una ficha técnica en cuanto a especificaciones del material y normativa aplicada y la importancia que conlleva.

Por último, se han observado los procedimientos de conservación y los diferentes tratamientos a aplicar en caso de suciedad o simplemente como medida de tratamiento de mantenimiento.

Ejercicios de repaso y autoevaluación

1. De las siguientes frases, indique cuál es verdadera o falsa:

a. La capa más externa de la piel se denomina flor.

- ☐ Verdadero
- ☐ Falso

b. El proceso de curtido es necesario para que las pieles se conserven.

- ☐ Verdadero
- ☐ Falso

c. El ante es una piel procedente del antílope africano.

- ☐ Verdadero
- ☐ Falso

d. El cuero de calidad proviene de pieles de espesor uniforme, sanas, sin defectos y resistentes, que provengan de animales sanos de razas seleccionadas tras un curtido adecuado.

- ☐ Verdadero
- ☐ Falso

2. La dermis, que es la capa de la piel con unas características primordiales para el curtidor, también se la conoce como:

a. Corium.
b. Dorium.
c. Emporium.
d. Ninguna de las respuestas anteriores es correcta.

3. Ordenar:

__ Curtido.
__ Piel verde.
__ Acabado.
__ Recurtido.
__ Clasificación.

4. Completar la siguiente frase.

La piel procedente de animales como vacas, toros, bueyes y otros bóvidos se le denomina ________________________.

5. ¿Qué es el tafilete?

a. Es un tejido apropiado para hacer cojines.
b. Es la piel de la cabra a la que se le ha dado un tratamiento impermeable.
c. Es piel de oveja que sirve para revestimientos de paredes.
d. Es piel de cabra curtida con un acabado brillante.

6. Sopa de letras. Busque seis tipos de pieles curtidas.

C	O	R	D	O	B	A	N
A	G	X	S	G	A	N	G
B	A	B	E	H	D	T	R
R	G	C	M	J	A	E	Y
I	Z	X	H	K	N	S	F
T	H	P	Ñ	Z	A	A	W
I	S	E	R	R	A	J	E
L	S	U	H	S	H	S	F
L	S	B	D	C	V	J	A
A	J	G	A	M	U	Z	A

7. Relacione las siguientes afirmaciones:

a. La piel de vaca.
b. La piel de cerdo.
c. La piel de cabra.

__ Tiene poca cantidad de pelo, y estos van agrupados de tres en tres. La piel tiene un aspecto menos liso que otras pieles.
__ Tiene sus características peculiares, pues sus grandes pelos crecen de forma agrupada y alineada pero a su vez de forma espaciada.
__ Tiene pelos grandes y espaciados por lo que las cavidades que alojan esos folículos son grandes.

8. Un "barro" es:

a. Un insecto que hace sus nidos de barro o lodo en la superficie de la cornamenta de los bóvidos.
b. Una especie de forúnculo que crían algunos animales. Si es pequeño se le denomina "barrillo".
c. Un parásito que anida en la piel del animal, forma una larva en la superficie y luego sale en forma de mosca.
d. Un parasito que albergan algunos animales en el intestino.

9. Completar la siguiente frase.

El curtido es el proceso por el que la piel absorbe una serie de compuestos que hacen que se convierta ______________.

10. Relacione fases y procesos:

a. Ribera.
b. Curtido.
c. Recurtido.
d. Acabado.

__ *Wet-blue.*
__ *Wet-White.*
__ Barnices.
__ Tinte.

11. ¿Qué es la Ecopiel?

a. Una piel ecológica procedente de animales que comen pastos ecológicos.
b. Una piel suave con cierto toque de esponjosidad.
c. Una piel artificial que procede del reciclaje de restos de piel y recortes mezclados con algodón y látex.
d. Una piel natural y ecológica.

12. De las siguientes frases, indique cuál es verdadera o falsa:

a. En los asientos de sillas, las banquetas o taburetes hechos en piel deben grapar la piel al bastidor con grapas de bronce.

☐ Verdadero
☐ Falso

b. El curtido al cromo es muy contaminante.

☐ Verdadero
☐ Falso

c. Las fichas técnicas son documentos en los que se expresa la información, descripción y características de un objeto, material o proceso de forma detallada.

☐ Verdadero
☐ Falso

13. La luz solar...

a. ... es buena para las pieles porque las conserva jóvenes.
b. ... deteriora a las pieles, sobre todo el color.
c. ... influye en los procesos de curtido.
d. Ninguna de las respuestas anteriores es correcta.

14. De las siguientes frases, indique cuál es verdadera o falsa:

a. La lanolina, la carnauba y la cera de abeja son sustancias naturales para el encerado y abrillantado de pieles.

☐ Verdadero
☐ Falso

b. Los productos abrillantadores se deben dar con un paño de lana y un pincel.

☐ Verdadero
☐ Falso

c. Los productos de mantenimiento o limpiadores específicos para la piel suelen comercializarse en kits.

- ☐ Verdadero
- ☐ Falso

15. El acabado anilina...

a. ... es barato y fácil de usar.
b. ... es el que se hace en cueros y pieles de alta calidad.
c. ... es el preferido por los curtidores desde 1976.
d. Ninguna de las respuestas anteriores es correcta.

Capítulo 4

Protocolos básicos de comunicación en empresas de tapizado de mobiliario y mural

Contenido

1. Introducción
2. Técnicas de comunicación básicas con clientes
3. Protocolos de comunicación
4. Comunicación activa
5. Aptitudes del comunicador efectivo: asertividad, persuasión, empatía e inteligencia emocional, entre otras
6. Resumen

1. Introducción

En toda empresa de tapizado de muebles o decoración es necesario atender a los clientes que van a realizar los pedidos o encargos, y es preciso que estos clientes, ya sean potenciales, es decir que vengan a preguntar por los servicios o pedir presupuesto, o fidelizados, conozcan los servicios que la empresa ofrece y sean tratados correctamente.

En las grandes y medianas empresas el contacto comercial lo suele hacer un departamento comercial destinado a gestionar el trato con los clientes en cuanto a presupuestos, pedidos, etc., y un departamento de atención al cliente, que es el encargado de solucionar los pequeños o grandes inconvenientes que puedan surgir en la relación comercial. Estos departamentos cuentan con profesionales del sector comercial y la gestión de las ventas, acostumbrados a tratar con el público.

En las pequeñas empresas y talleres en los que el trato con el cliente es directo, con frecuencia el mismo tapicero o decorador hace las veces de vendedor, atiende el teléfono, recoge pedidos y él mismo trata con proveedores y realiza todo tipo de tareas. En este caso, el trato con el cliente no está realizado por una persona que solo se dedique a este cometido, razón por la cual a veces en este tipo de negocios la relación comercial se podría mejorar.

Son distintos sistemas de producción, uno es un sistema industrial y el otro es artesanal, pero al fin y al cabo son personas las que van a requerir los servicios de la empresa, por eso es importante que el vendedor, ya sea un comercial del departamento de ventas o la misma persona que tapiza y atiende su negocio, sea un profesional que sepa contactar con el cliente y entable con él una comunicación, y fruto de este contacto se establezca una relación comercial fructífera, tanto para la empresa como para el cliente que requiere sus servicios.

2. Técnicas de comunicación básicas con clientes

La comunicación entre seres humanos es imprescindible para cualquier aspecto de la vida.

En las relaciones profesionales como esta que se está tratando todavía lo es más ya que se establece una relación entre cliente y empresa y de la satisfactoria o no relación entre las dos partes derivará o no la relación comercial.

En estos tiempos actuales el consumidor es cada vez más reticente al continuo bombardeo de artículos que llegan a través de los medios de comunicación. Por otro lado, también es más activo en la reclamación de los derechos que le competen, razón por la cual cada vez hay que estar más preparado para dar un servicio de calidad y cuidado trato, pues la competencia es grande, y notas distintivas como estas pueden hacer que aumente la rentabilidad de la empresa.

Importante

Una buena comunicación con el cliente es básica hoy en día para que una empresa llegue a ser rentable.

La comunicación es el intercambio de información entre dos o más individuos.

Básicamente, la comunicación que se establece para el tipo de empresas como la de tapizados y confección de ropa de hogar es la que se basa en la exposición oral, escrita y cada vez más la audiovisual, con el nacimiento de las nuevas tecnologías.

Así pues y cada vez más las empresas dedican sus esfuerzos a crear oficinas de atención comercial o de atención al cliente como respuesta a esta nueva demanda de información. Las oficinas de servicios de atención a clientes son las encargadas de gestionar la información suplementaria, en algunos casos también atienden a un servicio posventa, como mecanismo de solución de problemas, anomalías o desperfectos que se pudieran dar en los artículos tapizados o bien en el trato recibido en los casos en los que el trabajo se realice a domicilio, como es el entelado de techos y paredes.

La comunicación se basa en un esquema muy sencillo:

Esquema de comunicación

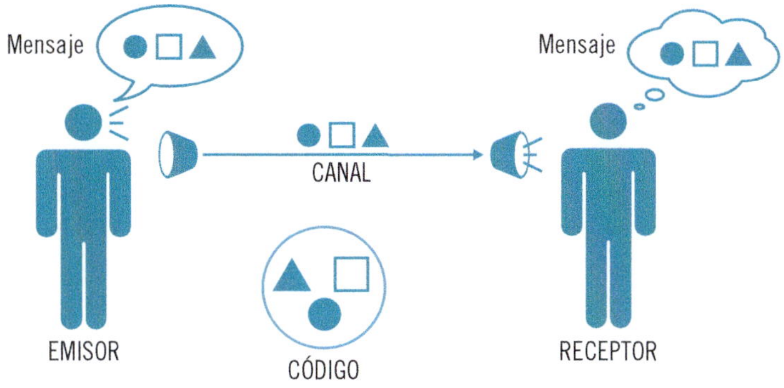

Por tanto, se puede decir que comunicación es el intercambio de información entre dos o más personas:

- **Emisor.** Es la persona que emite el mensaje.
- **Receptor.** La persona que recibe el mensaje.
- **Mensaje.** Es la información que se transmite. Si en el mensaje hay intercambio de información por parte de los dos individuos y los papeles de emisor y receptor se intercambian o se alternan se dirá que hay *feedback* o también llamada retroalimentación.
- **Canal.** Es el sistema de transmisión, que puede ser oral, es decir por medio de la palabra, por teléfono, a través de las nuevas tecnologías o visual. Para sacarle el máximo partido a la comunicación hay que tener una serie de puntos claros, como que ha habido una voluntad de comunicación por parte de los individuos, que se ha comprendido el mensaje, que el canal ha sido el adecuado, sin interferencias de otros canales etc.
- **Código.** Es el lenguaje utilizado para esa comunicación.

Nota

Si no hay modificación de conducta o intercambio, no hay comunicación, solo existe información.

Actividades

1. Indicar quién es el emisor, el receptor, el canal y el mensaje y si hay o no feedback en la visualización de una página web con dirección de correo electrónico.
2. Señalar qué otros canales de comunicación conoce además de los citados.

Conseguir una máxima eficacia en el proceso denota profesionalidad. Por eso, los objetivos primordiales de la atención al cliente deben ser satisfacer las necesidades y lograr un objetivo comercial, y sin duda el primer objetivo lleva al segundo.

Ejemplo

Un cliente quiere un sofá con respaldo reclinable y resulta que no lo tienen en la tienda. Por tanto hay que intentar satisfacer su necesidad buscando un modelo alternativo. De la eficacia de esta acción podrá devenir una venta.

Las técnicas de comunicación con el cliente son una secuencia de actos por parte del vendedor de un producto o servicio, responden pues a una comunicación activa. En el momento que un cliente potencial o no llega a la empresa solicitando sus servicios se debe crear un clima propicio para entablar comunicación; para ello, los pasos a realizar serán:

- Saludar.
- Preguntar qué necesita.
- Escuchar.
- Ayudar a conseguir lo que necesita.
- Invitar a que regrese otro día.

Esta secuencia va acompañada de una serie de actitudes que deben tener la misma importancia:

- **Interés,** amistoso más que cordial. El cliente se debe sentir importante y que sus necesidades son importantes.
- **Flexibilidad.** No emitir un "no" o un "no va a poder ser" como respuesta, debe ofrecer alternativas y ahí hay que demostrar la capacidad de persuasión.
- **Eficacia.** Hay que intentar conseguir los objetivos basándose en los dos aspectos anteriores.
- **Capacidad de respuesta.** A veces si hay algún problema el cliente no distingue entre si este es de la empresa o ajeno a ella, razón por la cual no hará distinciones entre culpabilidades. A veces es imposible dar una solución viable, por ello habrá que encontrar un equilibrio entre lo deseable y lo posible. Tampoco se deben dar falsas expectativas y es importante no presentar soluciones que no se puedan cumplir.
- **Empatía.** Es decir, capacidad para ponerse en el lugar del otro.

Comunicación con clientes

Nota

La empatía es la identificación mental y afectiva de un sujeto con el estado de ánimo de otro.

Aplicación práctica

Usted tiene un taller de restauración y tapizado de paredes y muebles llamado "Texturas". Suena el teléfono. Es un nuevo cliente.

¿Cómo debería contestar y atender? ¿Y si es un cliente habitual?

SOLUCIÓN

En primer lugar, sin saber quién llama usted debería contestar con el nombre de la empresa más su nombre. Por ejemplo: "Texturas, buenos días. Le atiende Antonio".

En el caso de que sea un cliente nuevo, este le comentará su caso. Se deberá mostrar amable y preguntar seguidamente qué desea el cliente. El expondrá su caso y en el caso de ser una visita a domicilio concertará una cita. Procurará en la medida de lo posible llegar a un acuerdo en cuanto a horarios favorable a él para poder ver el mueble o lugar a tapizar.

En caso de ser un cliente habitual procederá de la misma forma, pero quizá la cercanía que aporta el conocimiento de la persona le puede dar un poco más de confianza a la hora de abordarle e intentar recordar qué trabajos ha hecho anteriormente. Como con el cliente anterior, se le intentará dar soluciones factibles a su problema o encargo y se procurará realizar con diligencia como forma de fidelización al cliente.

3. Protocolos de comunicación

La comunicación entre la empresa y sus clientes se establece mediante una serie de protocolos. Estos protocolos se transmiten gracias a una serie de canales que son los transmisores de la información de la empresa. Estos canales pueden ser el teléfono, los medios audiovisuales, el contacto oral o visual, etc.

Para lograr una buena impresión a los clientes se deben adaptar una serie de normas corporativas que van encaminadas a dar una respuesta que se transmita no solo de forma oral, mediante la palabra, sino también por los gestos, por el lenguaje visual, el entorno, etc.

De todos estos aspectos se analizarán los más notables:

- **Visual.** En él se van a reflejar aspectos como la comunicación a nivel de publicidad, imagen corporativa, como vestuario, documentación de facturas, albaranes y toda la papelería corporativa, catálogos, fichas, etc. La marca será un aspecto importante pues debe ser clara y no inducir a errores ni semánticos ni sintácticos.
- **Físico o ambiental.** En este punto se tratan los aspectos generales en caso de tener una oficina abierta al público. El aspecto de los empleados es importante, y debe insistirse en su pulcritud y uniformidad, y poseer una oficina ordenada y adecuada en tamaño y comodidad a la hora de atender a los clientes, evitando interrupciones o bien del teléfono o bien de otros empleados. Se deben cuidar los pequeños detalles. En el caso de las visitas a domicilio, el empleado deberá ir correctamente uniformado y acreditado, cuidando su aspecto personal. Deberá mostrarse atento y cortés.
- **Gestión telefónica.** Bien es sabido que la primera impresión es la más importante. El teléfono es una herramienta útil y de gran potencial pues se pueden hacer gestiones sin movilizarse o trasladarse. Quien llama por teléfono está solicitando una información, por eso la primera información de contacto que se debe dar es el nombre de la empresa y del empleado que atiende las llamadas, para seguidamente preguntar en qué se le puede atender. Si las llamadas fueran recepcionadas por un contestador o por una centralita automatizada se deberán personalizar los mensajes, ofreciendo la información de contacto alternativa como el caso de teléfonos móviles, dirección web, horarios comerciales etc.
- **Comunicación virtual, internet.** Las empresas cada vez con más frecuencia intentan llegar al mercado y al gran público, lo que ocurre es que todavía hay muchas personas a las que no se puede acceder por este

medio porque no tienen acceso a él. Internet es un medio cada vez más usual que se utiliza para presentar productos y empresas. La figura de la **tienda virtual** cada vez tiene más adeptos y es un escaparate perfecto para anunciar los productos; además no se debe olvidar incluir en la información de la empresa otros datos de contacto, como pueden ser números de teléfono o fax, dirección de correo electrónico, dirección postal etc.

Atención telefónica

Nota

La interactividad es la característica principal de la comunicación online que las empresas deben tener en cuenta cuando desarrollen su estrategia global de relaciones públicas.

Actividades

3. Intentar escenificar con sus compañeros un ejercicio de llamada telefónica y atención a un cliente.
4. Indicar qué datos deberían figurar en la locución de una centralita de una pequeña empresa de tapizados y decoración.

4. Comunicación activa

La comunicación activa es aquella en la que se produce un intercambio correcto entre emisor y receptor. Uno de los puntos importantes es saber escuchar. Escuchar requiere un esfuerzo superior y significa entender lo que se escucha.

La comunicación activa se refiere a la habilidad de escuchar al interlocutor no solo en lo que está expresando directamente sino también dándose cuenta de otros aspectos subyacentes, y para eso hay que saber ponerse en el lugar de la otra persona.

La comunicación no solo se realiza de forma verbal, sino que hay otros elementos como gestos, posturas y actitudes repetitivas que también dan información al receptor sin necesidad de que se transmitan contenidos verbales. Estos gestos pueden ser oculares, como desviar o no la mirada, gestos con las manos, con el cuerpo, faciales, etc.

Comunicación no verbal

Hay elementos que facilitan esta comunicación, por ejemplo una disposición a nivel psicológico, por la interpretación de signos no verbales en la comunicación como con gestos, actitudes, etc., y elementos que la pueden entorpecer, como la distracción, las interrupciones, los juicios previos, evitar dar respuestas anticipadas antes de que la otra persona termine de hablar, etc.

Se debe mostrar empatía, es decir, ponerse en el lugar del otro e intentar entender sus razones y reforzar con palabras propias lo expuesto por el interlocutor y en ocasiones resumiendo lo que ha dicho.

Una solución para llegar a un entendimiento con los clientes potenciales sería la planificación, de hecho muchas empresas lo hacen. Mediante estudios de mercado acceden al tipo de perfil o perfiles que pueden estar interesados en la compra de los productos o el requerimiento de los servicios para así poder atenderlos mejor.

Importante

El objetivo de los estudios de mercado es aportar datos que permitan mejorar las técnicas para la venta de un producto o de una serie de productos que cubran la demanda no satisfecha de los consumidores.

Actividades

5. Señalar cuáles son los signos más habituales en el lenguaje no verbal en relación con el tratamiento al cliente.
6. Investigar sobre los signos no verbales más habituales, ya sean posturas corporales, gestos o contacto visual.

5. Aptitudes del comunicador efectivo: asertividad, persuasión, empatía e inteligencia emocional, entre otras

Hay personas que tienen unas cualidades innatas para poder comunicarse con los demás, son capaces de atraer la atención del público que les rodea.

No todo el mundo tiene esa capacidad y cualidades de forma innata, pero sí se puede llegar a comunicarse de una manera efectiva poniendo en práctica una serie de puntos que pueden ser la asertividad, la empatía, la inteligencia emocional, etc.

Ser asertivo es ser capaz de expresar sentimientos, ideas, opiniones de forma clara y sencilla considerando al interlocutor, manteniendo el equilibrio emocional de forma directa y apropiada en cada situación social que se presente. El esfuerzo por ser asertivo garantiza la convivencia con los demás. La asertividad es el camino medio entre la pasividad y la agresividad, es decir, es el equilibrio.

La persuasión es un método de influencia social. Es la capacidad que tienen algunas personas de convencer a otras mediante argumentos. En la base de la persuasión entran a formar parte otros elementos, como por ejemplo la capacidad de reciprocidad o lo que vulgarmente se conoce como "devolver un favor o estar en deuda con alguien", el compromiso, la autoridad o el gusto, ya que hay personas que se suelen guiar por compromisos que toman otras personas con las que se sienten a gusto, tal puede ser las ventas de cosméticos que se hacen en reuniones de amigas y otros como la escasez o aquello que está "próximo a agotarse".

Reunión de venta de una conocida marca de envases en los años 50

La empatía es la cualidad de algunas personas de ponerse en el lugar del otro y eso puede llevar a una mejor comprensión de su comportamiento. Es la habilidad para entender las necesidades de los demás, sus sentimientos o sus problemas, y ponerse en el lugar de ellos ante estos problemas para brindar una serie de soluciones que ayuden a la otra persona a solucionarlos. Esta cualidad es necesaria para mantener cierto tipo de relaciones interpersonales.

La inteligencia emocional es una habilidad especial para reconocer sentimientos, ya sean propios o ajenos, y manejarlos. El término inteligencia emocional lo popularizó Daniel Goleman en 1995, en su libro denominado *Emotional Intelligence*, que se convirtió en un auténtico *best seller*. Goleman propone en su obra que la inteligencia emocional es una forma de enfrentarse al mundo e interactuar con él, utilizando los sentimientos y otras habilidades como el control de impulsos, la motivación, la autoconciencia, la compasión, la perseverancia, la empatía, el control mental, etc. El manejo de estas habilidades sociales puede llevar a la persona hacia el bien común y la plena adaptación social.

? Sabía que...

Daniel Goleman es un psicólogo estadounidense, editor de la revista *Psychology Today*, y profesor de psicología en la Universidad de Harvard.

Son muchos los estudiosos que se dedican a profundizar en este tema y cada vez más en las empresas se realizan cursos y seminarios para aprender técnicas relacionadas con las habilidades sociales para controlar los impulsos, sentimientos, etc., que ayuden a conseguir una plena adaptación al medio social y en lo referente al trato con clientes y un mejor trato hacia ellos para mejorar las relaciones comerciales y empresariales.

Actividades

5. Buscar en los medios de comunicación anuncios de empleo en los que se soliciten perfiles que cumplan requisitos relacionados con la inteligencia emocional, empatía y otras habilidades sociales.
6. Señalar en qué puestos de trabajo cree usted que son imprescindibles todos estos aspectos de efectividad en la comunicación.

6. Resumen

En este capítulo se han visto los distintos aspectos relacionados con la comunicación que facilitan y ayudan a la relación laboral y de las empresas.

La comunicación no solo se realiza de forma verbal, sino que hay otros elementos como gestos, posturas y actitudes repetitivas que también dan información al receptor sin necesidad de que se transmitan contenidos verbales.

La comunicación activa es la capacidad de escuchar al interlocutor no solo en lo que está expresando directamente sino también dándose cuenta de otros aspectos subyacentes.

Las distintas técnicas de comunicación, los protocolos principales que se establecen para comunicar, las distintas aptitudes que debe tener un comunicador, como empatía, asertividad y persuasión, son técnicas y habilidades efectivas a la hora de facilitar las relaciones con los miembros de una empresa de tapizado de mobiliario y mural, y lo que es primordial, con el trato a clientes, que en resumidas cuentas constituyen el motor de cada empresa. No hay empresa si no hay clientes.

Ejercicios de repaso y autoevaluación

1. De las siguientes frases, indique cuál es verdadera o falsa:

a. La comunicación es el intercambio de información entre dos o más individuos.

- ☐ Verdadero
- ☐ Falso

b. La comunicación entre seres humanos es imprescindible para cualquier aspecto de la vida.

- ☐ Verdadero
- ☐ Falso

c. La comunicación es la transmisión de datos a través de escritos o cartas.

- ☐ Verdadero
- ☐ Falso

2. El sistema de transmisión por el que se envía un mensaje se le denomina...

a. ... canal.
b. ... teléfono.
c. ... megáfono.
d. ... correo electrónico.

3. Completar la siguiente frase.

Las técnicas de comunicación con el cliente son ______________________ y responden a una comunicación activa.

4. Actitudes de un buen vendedor son:

a. Eficacia, sinceridad, espontaneidad
b. Persuasión, compromiso y técnica.
c. Interés, flexibilidad y eficacia.
d. Corrección y sencillez.

5. Relacione las siguientes afirmaciones:

a. La capacidad para ponerse en el lugar del otro se llama...
b. Al ofrecimiento de distintas alternativas a la hora de ofrecer un producto o servicio se le denomina...
c. Que el cliente se sienta importante es la respuesta a una actitud del vendedor denominada...

__ ... interés.
__ ... flexibilidad.
__ ... empatía.

6. Completar la siguiente frase:

En el caso de las visitas a domicilio el empleado deberá ir ____________________.

7. La comunicación virtual es aquella que...

a. ... es realizada por personas activas y con múltiples virtudes.
b. ... la que se realiza a través de internet.
c. ... es una comunicación inespecífica que se realiza por cualquier medio.
d. ... la que genera un programa de centralitas informatizadas.

8. Sopa de letras. Busque cinco elementos de comunicación.

C	R	E	C	E	P	T	O	R
T	A	T	J	I	K	P	K	O
M	E	N	S	A	J	E	B	K
S	B	R	A	D	H	M	G	Y
Z	R	T	J	L	I	D	S	C
D	C	O	D	I	G	O	V	G
E	M	I	S	O	R	D	Y	A

9. De las siguientes afirmaciones, indique cuál es verdadera o falsa.

a. La comunicación activa es aquella en la que se produce un intercambio correcto entre emisor y receptor.

- ☐ Verdadero
- ☐ Falso

b. Uno de los puntos importantes en la comunicación es saber escuchar.

- ☐ Verdadero
- ☐ Falso

c. La empatía es importante para una buena comunicación.

- ☐ Verdadero
- ☐ Falso

10. ¿Qué significa ser asertivo?

a. Ser capaz de expresar sentimientos, ideas, opiniones de forma clara y sencilla considerando al interlocutor.
b. Estar en el camino medio y equilibrado entre pasividad y agresividad.
c. Ser poseedor de unas cualidades especiales para llegar a convencer a los demás.
d. Las respuestas a. y b. son correctas.

11. Completar la siguiente frase.

La cualidad de algunas personas de ponerse en el lugar del otro y poder llevarla a una mejor comprensión de su comportamiento se denomina _____________.

12. Buscar seis actitudes del comunicador efectivo:

H	E	M	P	A	T	I	A	S	R	C
D	F	T	E	S	D	R	S	E	R	O
E	D	S	S	R	Y	G	E	A	S	M
C	O	N	T	R	O	L	R	S	S	P
S	S	D	A	F	S	S	T	X	S	A
M	O	T	I	V	A	C	I	O	N	S
S	A	D	S	D	D	S	V	D	Q	I
P	E	R	S	U	A	S	I	O	N	O
G	G	N	E	D	V	Q	D	G	H	N
O	L	Y	E	B	G	G	A	G	G	B
P	E	R	F	H	E	B	D	K	V	R

13. La persuasión es:

a. Un sistema de comunicación.
b. Un método de influencia social.
c. Convencer por la fuerza.
d. Ninguna de las respuestas anteriores es correcta.

14. Completar:

La ______________________ es una habilidad especial para reconocer sentimientos ya sea propios o ajenos y manejarlos.

15. ¿Por quién fue popularizado el término «inteligencia emocional»?

a. Arthur Golden.
b. Roger Coldman.
c. Daniel Goleman.
d. Arthur Miller.

Capítulo 5

Presentación, conservación y almacenaje de las materias textiles y de pieles y cueros

Contenido

1. Introducción

Los textiles que componen los muebles tapizados son de muy distinta naturaleza. Tienen calidades y composiciones diferentes y su utilización también tiene un fin distinto. Todos ellos, además del cuero y las pieles, requieren un sistema distinto de almacenamiento en el que conserven las cualidades óptimas para su embalaje. Por ello, es importante que estén etiquetados correctamente para optar al sistema de conservación y exposición que cada uno requiera y que permita que sus cualidades sean óptimas.

En general, todos estos productos requieren de un espacio amplio con unas características determinadas que los protejan de la suciedad y el polvo, los exhiban para que sus cualidades sean apreciadas y a la vez cumplan con una serie de requisitos de carácter general y legal para su manipulación y embalaje.

Todos los productos deben estar sometidos a un sistema de etiquetado que según una normativa aplicable debe reunir una serie de requisitos para control e información del consumidor y las autoridades competentes.

En este capítulo se estudiarán las diferentes formas de embalaje y los requisitos que deben cumplir las piezas almacenadas, así como las condiciones de embalaje más oportunas.

2. Presentación y embalaje de los productos textiles, pieles y cueros

Los productos textiles son aquellos que están compuestos de fibras textiles en al menos un 80% de su peso, incluyendo tejidos y recubrimientos para muebles y otros usos.

Importante

Los productos textiles se pueden presentar como fibras, hilados, como cuerdas y como tejidos o telas.

Los productos textiles se pueden presentar en varias formas:

1. Como fibras. Por ejemplo, como las distintas fibras ya sean sueltas o compactadas que se utilizan para relleno.
2. Como hilados. En el caso de los hilos para costura y confección o bien como hilados para tejer.
3. Como cuerdas y otro tipo de cordelería o pasamanerías.
4. Como tejidos o telas.

Las fibras se suelen presentar en forma de fibras sueltas para relleno o compactadas en forma de mantas o rollos. En el caso de las fibras sueltas se pueden presentar en bolsas de plástico según peso, que puede oscilar entre 10 a 25 kg. Las fibras como el algodón acrílico, la guata, etc., suelen venir compactadas en rollos de diferentes anchos. Estos rollos se embalan en fundas de plástico que los protegen de la suciedad. De la misma manera las espumas de polietileno o gomaespumas finas que se utilizan como relleno, también se comercializan en rollos de la misma manera que los de guata o fibras.

Rollo de relleno acrílico

La gomaespuma en general, que sirve para relleno o confección de cojines o colchonetas, se comercializa en planchas que vienen embaladas de forma individual.

Los hilados para tejer o los hilos para la costura, ya sean a base de fibras naturales o sintéticas, se suelen comercializar en bobinas o conos de plástico. Como ya se ha visto, la clasificación de los grosores hace que estos vengan embalados según peso o metros de hilo por bobina. Los hilos luego suelen embalarse en cajas de varias unidades por caja.

Conos de hilo

Las cuerdas y cordeles también suelen embalarse en bobinas o rollos que a su vez se embalan en cajas de cartón. Las pasamanerías, como galones y cintas, suelen venir o bien en rollos de plástico para los más finos y menos delicados o en piezas de cartón para los de mayor ancho y calidades superiores, con el fin de evitar el deterioro.

Pasamanerías

Los tejidos que se utilizan para tapicería y entelado de paredes se expenden por piezas de tela, que es la unidad mínima de enrollado del tejido después de salida de la máquina enrolladora. Las piezas de tejido para tapizar suelen tener entre 2 y 2'80 metros de ancho. Enrolladas en un tubo de cartón que formará la pieza de tela, suelen tener un metraje de 30 o 40 metros; este dato dependerá del fabricante y de la calidad del tejido.

Estos rollos de tejido se enfundarán en una bolsa de plástico debidamente etiquetados, y a su vez para el transporte y paletizado correctos se empacarán en cajas de cartón que los protejan de las condiciones ambientales y sirvan para aprovechar mejor el espacio en los contenedores de carga.

Las pieles y cueros suelen comercializarse o bien por unidades de pieles enteras o como retales de distintos tipos de piel. Para los muebles tapizados como se decía con anterioridad, se utilizan pieles enteras generalmente de vacuno, que son de gran tamaño. Estas pieles suelen tener un número de serie que corresponde a un lote de curtido o fabricación debidamente registrado.

Importante

Las pieles para tapizados tienen un número de serie según el lote de curtido al que pertenezcan y se embalan en papel o tela.

Suelen embalarse enrolladas sobre sí mismas debidamente atadas con la cara del lado de la carne hacia afuera. Se suelen embalar en papel o tela ya que son materiales más transpirables que el plástico.

Rollos de tela

Actividades

1. Hacer una lista con los distintos materiales que se usan para tapicería e indicar los distintos formatos en los que se envasan y por qué se utilizan estos formatos de envasado para dichos materiales y no otros.
2. Investigar sobre los distintos anchos de gomaespuma y su envasado.

3. Normalización sobre contenidos, manipulación y conservación de las materias textiles, pieles y cueros

Según la Organización Internacional de Normalización (ISO) las normas son documentos que contienen especificaciones técnicas, características y otras directrices y criterios con el objetivo de asegurar que los materiales, productos, procesos y servicios sean apropiados a su fin.

Importante

El ISO es el organismo encargado de promover el desarrollo de normas internacionales de fabricación, comercio y comunicación para todas las ramas industriales salvo la eléctrica y la electrónica.

Estas normas internacionales garantizan que los productos y servicios sean fiables y de buena calidad con el fin de mejorar el comercio y posibilitar a las empresas abrir nuevos mercados con unas condiciones justas e igualitarias.

Estas normas son elaboradas por organismos como este (ISO) y muchos otros a los que los fabricantes se adhieren para certificar sus productos y así garantizar que cumplen esta normativa general. Así, por ejemplo, la norma ISO 16132012 recoge las características que debe tener la piel o el cuero usado para el tapizado de muebles y otras muchas de su rango establecen normativas para los tejidos usados en tapicería y decoración.

Los distintos países y comunidades también promulgan normas y decretos que van en este sentido: normalizar los productos, su confección, composición y etiquetado.

3.1. Etiquetado de composición

Hace ya mucho tiempo que los diversos países lograron un entendimiento a nivel global en cuanto a normativa para la composición de los productos textiles.

Son muchas las normas y decretos a nivel estatal y europeo a la hora de establecer los parámetros que deben constar en las etiquetas de los productos y fibras textiles. El Real Decreto 928/1987 de Etiquetado y composición de productos textiles y modificaciones posteriores (RD 1115/2006 y RD 1523/2007) regula este etiquetado a nivel nacional.

A nivel europeo el Reglamento (UE) n° 1007/2011 del Parlamento Europeo y del Consejo, de 27 de septiembre de 2011, recoge la normativa que se debe aplicar en España en cuanto al etiquetado de productos textiles.

Estas normativas recogen los distintos materiales que son obligatorios de etiquetar, pero también sus excepciones, pues hay artículos en los que la etiqueta no es necesaria.

Un producto textil es aquel que está compuesto por fibras textiles, en su totalidad o al menos en un 80%.

Los productos considerados como puros son los que están compuestos por un solo tipo de fibra, y solo se podrá utilizar para ellos la denominación 100% (ejemplo: 100% algodón). Se acepta hasta un 2% de otras fibras como mezcla por aspectos técnicos en la confección.

Cuando un producto se confecciona en lana se acepta la acepción **Lana Virgen** cuando solo tenga este material, aunque está permitida la utilización de esta denominación cuando haya un 25% del peso del producto de lana. La denominación hilo irá siempre seguida de la fibra textil con la que esté elaborado.

La denominación seda solo se podrá utilizar para la fibra que producen los gusanos de seda.

Si el tejido es mezcla de dos o más fibras y una representa como mínimo el 85%, la designación se hará con el nombre de la fibra y su porcentaje con la indicación de mínimo o porcentaje total de la composición de las fibras más importantes y enumeración de las restantes, aceptándose la denominación fibras diversas u otras fibras cuando la composición sea difícil de determinar.

Si el tejido estuviera compuesto de una o más partes de materiales distintos deberá constar una etiqueta por cada tipo de material.

La composición de tejidos estampados por técnicas de corrosión como al aguafuerte se dará por la totalidad del producto y se deberá indicar por su nombre, al igual en los textiles bordados si estos son inferiores al 10% de la superficie. En caso de que la superficie sea mayor habrá que indicarlo por separado.

En el caso de las pieles, el etiquetado indicará de qué tipo de piel se compone el artículo o mueble tapizado. Este etiquetado se encuentra regulado por la Orden de 23 de septiembre de 1985, sobre el etiquetado informativo de productos de cuero y piel (BOE de 27 de septiembre de 1985).

Los datos que deben figurar son el nombre del producto y la calidad de la piel con la denominación por la calidad de la piel del animal, y nunca se podrá utilizar una denominación por otra en caso de imitación, además deberá figurar la palabra **imitación.** En la composición constará la especie, el país de origen del animal y la parte del cuerpo que se ha utilizado salvo en los artículos de piel vuelta. El país de origen debe mencionarse en los productos importados de países no pertenecientes a la Unión Europea. El nombre del fabricante o la razón social y el número de registro industrial del establecimiento también deben figurar; y si son productos importados de fuera de la UE figurará además el número de identificación fiscal.

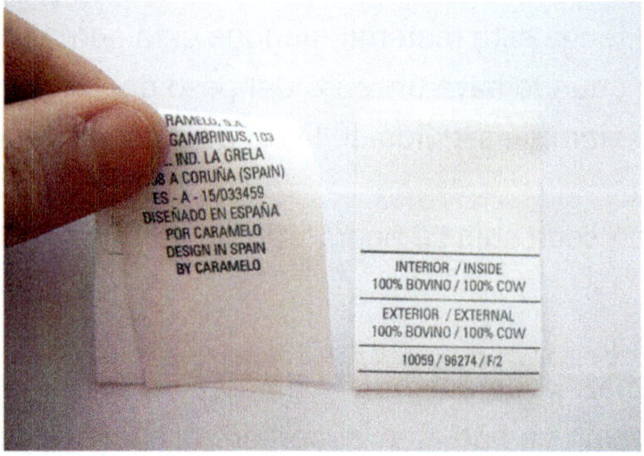

Etiqueta de composición

Importante

En el etiquetado de las pieles debe constar la especie del animal del que procede la piel, el país de origen del mismo y la parte del cuerpo del animal utilizado.

Los tejidos con acabados afelpados o de terciopelo tendrán que indicar la composición para la totalidad del producto y si el acabado es en fibras diferentes, se indicará por separado.

Las etiquetas se fijarán en los productos hilados en las cajas o envoltorios informando sobre el número de unidades de cada caja, y tendrán una etiqueta individual si cada bobina o carrete pesa más de 40 gr.

En las piezas de tejido es obligatorio el uso de una etiqueta por cada una, impresa o bien tejida en el orillo o bien con una etiqueta en cada extremo de la pieza de tela.

En la etiqueta debe constar una serie de datos obligatorios, como son los relativos a la información fiscal del fabricante o importador, tales como marca comercial, CIF, dirección, teléfono, etc.

Aplicación práctica

En la empresa de muebles tapizados "Design Confort" clasifican los tejidos para tapizar según sus calidades. En una parte del almacén colocan los tejidos de fibras naturales, en otra los sintéticos, en otro estante los tejidos con ambos tipos de fibras y en una sala aparte, las pieles.

Según las siguientes etiquetas, indicar en qué zona se coloca cada tejido.

Continúa en página siguiente >>

<< Viene de página anterior

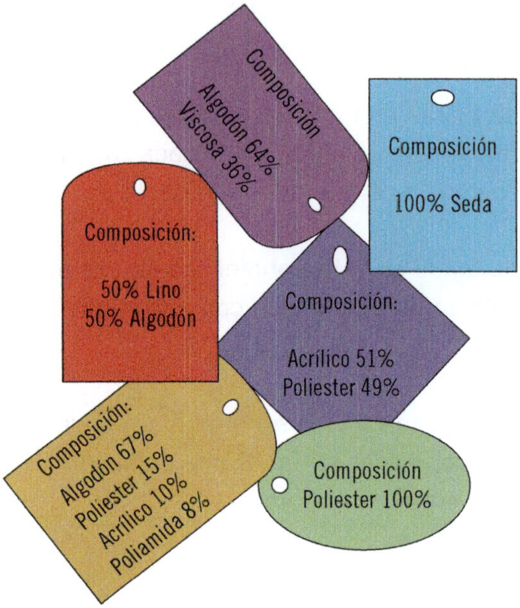

SOLUCIÓN

Las etiquetas corresponden a diferentes tejidos. La etiqueta amarilla refleja la composición de un tejido en el que su mayoría es algodón, pero presenta un porcentaje alto de otras fibras sintéticas, por lo tanto irá al apartado de mezclas.

La etiqueta roja es un tejido de mezcla, pero sus fibras son naturales, por lo tanto se pondrá en el apartado de fibras naturales, al igual que la etiqueta azul celeste, en la que indica que el tejido es 100% seda, fibra natural.

La etiqueta ovalada de color verde indica un tejido 100% poliéster, por lo tanto, sintético. Irá al apartado de los tejidos sintéticos.

La etiqueta azul indica que el tejido es de mezcla pero de dos fibras sintéticas, por lo tanto irá al apartado de las fibras sintéticas.

La etiqueta morada indica un tejido compuesto de fibra de algodón, natural y de fibra de viscosa, que como se puede recordar es una fibra artificial pero de origen natural, de celulosa, por tanto se podría colocar en ambos apartados, mezcla, pero también en el de fibras naturales.

3.2. Etiquetado de conservación

El etiquetado de conservación no es obligatorio que figure en cada prenda o producto textil pero sí es aconsejable.

En este etiquetado deben figurar las características específicas de cada tejido o material textil y las condiciones de conservación que se deben guardar, como, por ejemplo, si es lavable o no, a qué temperatura, si admite el planchado y a qué temperatura, si se puede limpiar en seco, si admite blanqueantes, suavizantes, etc., o si se puede secar en secadora.

Este conjunto de símbolos gráficos que deben figurar en la etiqueta se encuentra regulado por la norma UNE-EN ISO 3758: 2005. "Textiles. Código para el etiquetado de conservación por medio de símbolos".

En los artículos de piel y cuero, sobre todo los utilizados para tapicería, no es obligatorio el etiquetado pero si es conveniente que se hagan unas recomendaciones por parte del fabricante en cuanto a limpieza y conservación, que dependerán del tipo de piel que se utilice y los tratamientos que se le hayan aplicado.

Importante

En los artículos de piel y cuero el etiquetado de conservación no es obligatorio, aunque sí es conveniente que se señalen las indicaciones del fabricante para la limpieza y conservación.

En la tabla adjunta se pueden ver los símbolos para el etiquetado.

Simbología

SÍMBOLOS DE LAVADO			
	Lavado a máquina mormal		
	Lavado a máquina programa antiarrugas		
	Lavado a máquina programa prendas delicadas		
	Lavado a mano		
	No lavar		
30C	Temperatura máxima	40C	Temperatura máxima
50C	Temperatura máxima	60C	Temperatura máxima
70C	Temperatura máxima	95C	Temperatura máxima

SÍMBOLOS DE BLANQUEADO	
	Blanqueado cuando se necesite
	No blanquear
	Usar blanqueador sin cloro, cuando se necesite
	Todavía pueden verse los símbolos antiguos que indicaban si se podía o no blanquear

SÍMBOLOS DE LIMPIEZA EN SECO	
	Limpieza en seco
	Limpieza en seco, cualquier disolvente
	Limpieza en seco, solo disolvente petróleo
	Limpieza en seco, no tricloroetileno
	No limpiar en seco
	Limpieza en seco, sin vapor
	Limpieza en seco, ciclo corto
	Limpieza en seco, baja temperatura
	Limpieza en seco, humedad reducida

SÍMBOLOS DE SECADO	
	Secado a máquina normal
	Secado a máquina normal, antiarrugas
	Secado a máquina normal, prendas delicadas
	No secar a máquina
	No secar a máquina (antiguo)
	Secado máquina normal, frío
	Secado a máquina, prendas delicadas en frío
	Colgar para secar
	Colgar a secar a la sombra
	Colgar para que escurra
	Colgar para que escurra, a la sombra
	Secar sobre una mesa
	Secar sobre una mesa, a la sombra
	No retorcer

SÍMBOLOS DE PLANCHADO			
	Todo tipo de planchado		Planchado sin vapor, frío
	Planchado a temperatura fría		Planchado sin vapor, templado
	Planchado a temperatura tibia		Planchado sin vapor, caliente
	Planchado a temperatura alta		Planchado sin vapor
	No planchar		

Actividades

3. Buscar algunas etiquetas tanto de tejidos como de prendas confeccionadas y compararlas para ver su etiquetado.
4. Informarse sobre el etiquetado de los distintos productos consultando la normativa vigente. Se puede hacer en el Boletín Oficial del Estado -www.boe.es-, consultando el decreto en cuestión. Detallar qué productos están exentos de llevar etiqueta.

3.3. Tasa legal de humedad

Las fibras textiles tienen una serie de propiedades que las diferencian de otras. Las fibras con sus características peculiares hacen que los tejidos que se confeccionen con ellas tengan unas características propias ante situaciones de resistencia, capacidad de absorber la tintura, comportamiento ante sustancias químicas, comportamiento ante el calor, el fuego etc.

Una de esas características es la capacidad para absorber la humedad, es lo que se conoce como tasa legal de humedad.

La tasa legal de humedad tiene unos valores establecidos para cada tipo de tejido o fibras y su conocimiento es básico para los intercambios comerciales en los que es necesario saber el peso de las fibras. Hay laboratorios que se encargan de su determinación.

Importante

Las fibras sintéticas tienen una tasa de humedad muy baja y poca resistencia al calor.

De la mayor o menor tasa legal de humedad de una piel o tejido depende la capacidad para transpirar del mismo, su resistencia frente al fuego o al calor, etc.

La piel por su propia estructura multifibrilar hace que tenga una tasa de humedad alta, este fenómeno también ocurre aunque en menor medida con las fibras naturales como el algodón o el lino.

Las fibras sintéticas tienen por el contrario una tasa de humedad muy baja, por eso no suelen absorber humedad y no resisten nada al calor, chamuscándose o derritiéndose.

En el cuadro adjunto se pueden observar las distintas tasas de humedad de algunas fibras.

FIBRAS	PORCENTAJES
Lanas y pelos:	
Fibras peinadas	18,25
Fibras cardadas	17,00
Pelos:	
Fibras peinadas	18,25
Fibras cardadas	17,00
Crin:	
Fibras peinadas	16,00
Fibras cardadas	15,00
Seda	11,00
Algodón:	
Fibras sin tratar	8,50
Fibras mercerizadas	10,50
Miraguano	10,90
Lino	12,00
Cáñamo	12,00
Yute	17,00
Ábaca (manila)	14,00
Esparto	14,00

FIBRAS	PORCENTAJES
Coco	13,00
Retama	14,00
Ramio (Fibra blanqueada)	8,50
Sisal	14,00
Sunn	12,00
Henequen	14,00
Maguey	14,00
Acetato	9,00
Aglinato	20,00
Cupro	13,00
Modal	13,00
Proteínica	17,00
Triacetato	7,00
Viscosa	13,00
Clorofibra	2,00
Fluorofibra	0,00
Modacrílica	2,00
Poliamida o nailón:	
Fibra discontinua	6,25

Continúa en página siguiente >>

<< Viene de página anterior

FIBRAS	PORCENTAJES
Filamento	5,75
Aramida	8,00
Poliimida	3,00
Lyocell	13,00
Poliactida	1,50
Poliester:	
Fibra discontinua	1,50
Filamento	1,50
Polietileno	1,50
Polipropileno	2,00
Policarbamida	2,00
Poliuterano	
Fibra discontinua	6,25
Filamento	5,75
Vinilo	5,00

FIBRAS	PORCENTAJES
Trivinilo	3,00
Elastodieno	1,00
Elastano	1,50
Vidrio textil:	
De un diámetro superior a 5 micrones	2,00
De un diámetro medio, igual o inferior a 5 micrones	3,00
Fibra metálica	2,00
Fibra metalizada	2,00
Amianto	2,00
Fibra de papel:	
Elastanomultiéster	1,50
Elastofelina	1,50
Melamina	7,00

4. Condiciones de almacenaje de las materias textiles, pieles y cueros

Los materiales textiles que se utilizan en tapicería de mobiliario y mural son de diversas categorías y su embalaje diferente tanto en formato como de peso.

Mientras algunos son voluminosos y pesan poco, como el caso de las espumas, flocas, lana, crin y otros rellenos, ya sean naturales o sintéticos, otros son voluminosos y pesados como es el caso de las piezas de tejido, que suelen tener un ancho de 2'80 cm, y aunque suelen venir dobladas por la mitad antes de ser enrolladas en su soporte, el embalaje del tejido en la pieza suele tener una altura considerable que lo hace poco manejable y difícil de manipular.

Además de los distintos formatos de embalaje las condiciones físicas y ambientales también son importantes y hay que tenerlas en consideración a la hora de plantear el almacenado.

Consejo

Los tejidos hay que almacenarlos de forma que se mantengan alejados de la humedad y de la luz solar.

El material textil en general y las pieles y cueros, como ya se ha visto, poseen en mayor o menor medida la capacidad de absorber la humedad. Es quizá esta variable la que más perjudica la conservación del material textil, además los tejidos se deterioran fácilmente si no se conservan estirados o enrollados en el soporte correspondiente.

Por tanto, es importante indicar que los tejidos convienen almacenarlos en sus soportes originales, es decir, embalados en su pieza de tela correspondiente, enrollados y apilados convenientemente en soportes metálicos que sean resistentes. Otra opción es colocarlos en estantes apilados de forma que sean legibles sus etiquetas y cubiertos a ser posible de plástico que no deje pasar la humedad y el polvo para evitar que se ensucien, pero que permitan visualizar el contenido.

Tejidos almacenados

Conviene mantenerlos alejados de la humedad para evitar que se originen mohos y de la luz solar, puesto que también deteriora los tejidos.

Aplicar productos acaricidas e insecticidas en la estancia evita que proliferen insectos que acaben con los tejidos, como polillas, ácaros, etc.

Las pieles y cueros requieren además un tratamiento de conservación específico, pues tienen la capacidad de ser higroscópicos, es decir, atraen la humedad y la absorben. Además, las condiciones de temperatura los afectan directamente pues cambian su comportamiento y aspecto en un ambiente seco y caluroso. La temperatura ideal para la conservación de la piel y el cuero puede estar en torno a los 20 °C, con una humedad relativa ambiental en torno al 50%. A mayor humedad y misma temperatura, el cuero absorberá más humedad. Las pieles se embalarán enrolladas o bien dispuestas sobre caballetes o suspendidas, colgadas por un gancho.

Pieles

Definición

Higroscopicidad
Propiedad de algunas sustancias de absorber y exhalar la humedad según el medio en que se encuentran.

Los materiales de relleno se pueden conservar en sus embalajes o bien en algunas empresas o talleres son colocados en recintos como grandes cajones o tolvas de donde se va sacando poco a poco el material para rellenar.

Relleno para cojines

Sea como fuere, se procurarán mantener las condiciones de sequedad, alejándolos de la humedad y de fuentes de llama o calor, pues suelen prender con facilidad, sobre todo los sintéticos. Los rellenos compactados en mantas o rollos pueden almacenarse con las mismas condiciones de los tejidos.

Actividades

5. Señalar por qué la humedad daña tanto los materiales de confección de tapicería, las pieles y cueros.
6. Investigar cuáles son las condiciones que deben observarse para almacenar productos textiles.

Aplicación práctica

En el taller de tapizados "Stilo" han habilitado un recinto para que sirva de almacén. Es un lugar espacioso y ventilado por una ventana, lejos de humedades y zonas de calor. En una zona se van a disponer unas estanterías para colocar los bultos pequeños y en otras unas más grandes para otro tipo de bultos. Determine cómo se organizarían los artículos para tapizar, no solo los textiles sino también los de otras características ya vistos en anteriormente.

SOLUCIÓN

El recinto es espacioso y ventilado por una ventana, por esta razón las estanterías dedicadas a colocar los rollos de tela se situarán lo más alejadas posible, pues la luz puede dañarlas. No tiene humedad, así que no habría peligro de que esta afectara a los distintos materiales. La estantería más pequeña puede servir para almacenar bultos, como cajas de botones, fornituras, otros avíos como tachuelas, grapas etc. También las cajas de hilos y otros artículos. Se puede habilitar un espacio cercano al techo para colocar las gomaespumas que abultan pero pesan poco, lo mismo que los rellenos, que se colocarán en cajones individuales para tener fácil acceso. Otros elementos textiles, como arpilleras y guatas, se colocarán en un espacio aparte junto con los tejidos.

En la zona más ventilada se colocarán los botes o latas de pegamentos y barnices que estén sin abrir y de repuesto, lejos de calor y de llama y en una zona protegida con acceso restringido, como, por ejemplo, un armario con llave.

5. Normativa comunitaria y española de seguridad relacionada con el transporte y almacenamiento de cargas

El transporte y almacenamiento de cargas es una tarea bastante frecuente en todos los ámbitos profesionales y en las empresas dedicadas a tapizados de mobiliario y hogar en particular. Estas tareas son frecuentemente responsables de lesiones especialmente dorsolumbares y de fatiga física en general, no solo de trabajadores habituales sino también de los ocasionales.

Aparte de las lesiones de espalda, hay de otro tipo como contusiones, cortes, heridas y fracturas, generalmente en tronco y miembros superiores. Estas lesiones son la causa más frecuente de accidente laboral de larga y lenta recuperación, que implica costes económicos y humanos.

Fundamentalmente hay una serie de normativas y directrices que rigen la seguridad en el transporte y almacenamiento de cargas. Son a nivel europeo la Directiva 90/269/CEE de 1990 y a nivel nacional la Ley 31/1995, de 8 de noviembre, sobre Prevención de Riesgos Laborales y el Real Decreto 487/1997, de 14 de abril.

Por estas normativas se establece que las manipulaciones de carga son aquellas operaciones manuales de sujeción, levantamiento, colocación, empuje, tracción, apilamiento o desplazamiento de una carga, que entrañen riesgos para los trabajadores. Se define carga como aquel objeto susceptible de ser movido, que incluye la manipulación de personas, animales o de objetos incluso los que se manipulen por medio de grúas o medios mecánicos que requieran el esfuerzo humano para ponerlos en la posición definitiva, con la excepción de los que se muevan con medios mecánicos, como por ejemplo una manivela.

Se considera que cualquier objeto que pese más de tres kilos puede entrañar riesgo potencial. Aquellas cargas que pesen más de 25 kilos ya constituirían riesgo en sí mismas.

El empresario debe adoptar las medidas técnicas necesarias para evitar la manipulación manual de ciertas cargas, por ejemplo, con sistemas de paletización, ya que las cargas se pueden manipular por carretillas elevadoras, carretillas y carros, carros con plataforma elevadora o cajas o estanterías rodantes.

Nota

El paletizado es la acción y efecto de disponer mercancía sobre un palé para su almacenaje y transporte.

Si la manipulación manual no se puede evitar hay que tomar medidas adecuadas para reducir los riesgos como rediseñar la carga, actuar sobre la organización del trabajo, mejorar el entono de trabajo, utilizar ayudas mecánicas, contar con la ayuda de otra persona, etc.

Además el empresario debe proporcionar formación e información adecuada sobre la forma correcta de la manipulación, que incluyen:

- Uso correcto de las ayudas mecánicas, evitando accidentes por imprudencias en el uso de las carretillas o plataformas, caídas de carga apilada, colisiones con otros vehículos, caídas de carga desde elementos de tracción y suspensión, golpes por roturas de cables o suspensiones, caídas por sobrecarga en grúas, etc.

Carretilla elevadora

- Información y formación al trabajador sobre la prevención de riesgos laborales.
- Uso correcto de los equipos de protección individual, como son cascos homologados, guantes, botas, gafas de seguridad y protección acústica.
- Formación y entrenamiento en técnicas seguras para la manipulación de cargas, además de información sobre pesos y gravedad.
- Periódicamente se realizarán controles médicos para vigilar posibles patologías.

Además de esto, hay una serie de factores de riesgo añadidos que se deben tener muy en cuenta. En los relativos a las cargas, hay que decir que en ocasiones estas son demasiado grandes o pesadas, voluminosas y difíciles de sujetar y tienen contenidos móviles que implican una variación en el punto de gravedad, que pueden desequilibrar a quien transporta la carga. A veces las cargas están colocadas de forma que implican torsión del cuerpo para su manipulación o flexión. Otras veces pueden causar lesiones por golpe.

Otro factor de riesgo estaría en relación con la postura del operario que maneja la carga, si es inestable o bien cuando hay necesidad de modificar el punto de agarre. En relación también con el operario que maneja la carga hay que indicar que otro factor de riesgo estaría en función de la falta de aptitud física, el uso de ropa o calzado inadecuado, patologías previas o bien insuficiencia de conocimiento o formación para la manipulación de cargas.

Formas de cargar pesos

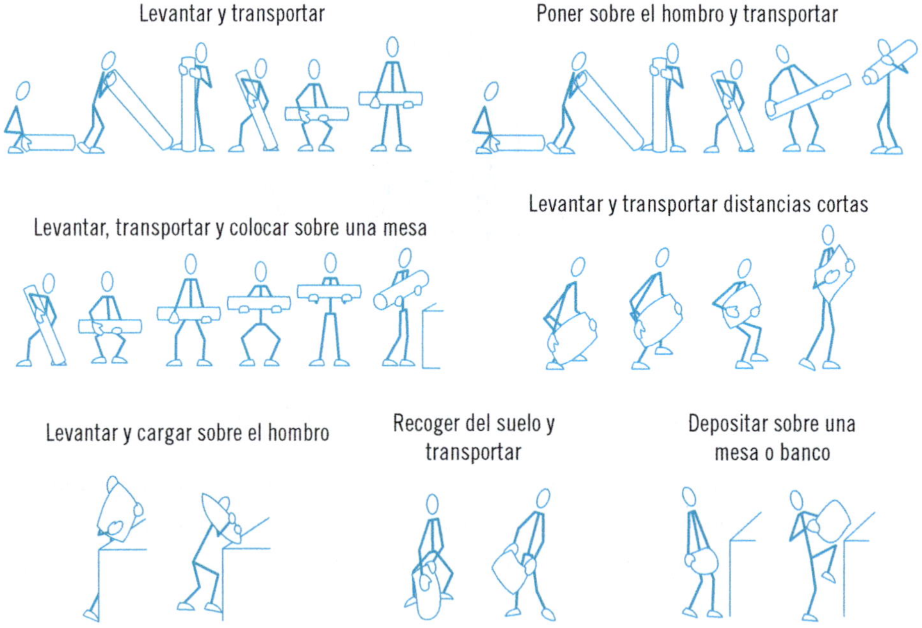

A veces también el medio de trabajo o el ambiente físico de trabajo influyen, como cuando el espacio libre vertical es insuficiente para efectuar movimientos, el suelo es resbaladizo o presenta desniveles, falta de luz o temperatura, humedad o circulación de aire deficiente.

Nota

Es importante mantener el suelo de la zona de trabajo limpio y libre de obstáculos.

Las exigencias de la actividad también son factores de riesgo, como esfuerzos físicos prolongados o frecuentes, insuficientes periodos de reposo que den lugar a reponer el cansancio, distancias de elevación o desplazamiento demasiado grandes o ritmos de trabajo no modulables.

En la medida de lo posible hay que evitar o corregir este tipo de riesgos dotando a los trabajadores o a los espacios de las medidas oportunas para un mejor desenvolvimiento de las tareas de carga y almacenaje.

Por otro lado, hay una serie de medidas destinadas a minimizar los riesgos a la hora de manipular cargas de forma individual, como son:

1. Planificar el levantamiento.
2. Colocar los pies correctamente.
3. Adoptar la postura de levantamiento doblando las piernas pero no flexionando demasiado.
4. No girar el tronco.
5. Agarrar firmemente la carga.
6. Elevar la carga pegada al cuerpo.
7. Levantar suavemente.
8. En caso de tener que cambiar el punto de agarre al levantar o bajar un peso, buscar un punto medio de apoyo.

Forma correcta de levantar un peso

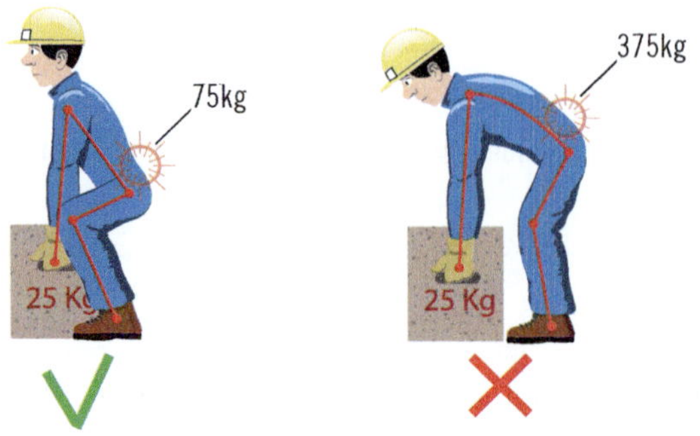

Actividades

7. Señalar qué otras medidas de seguridad se deben observar para manipular objetos que no sea de forma manual.
8. Investigar cómo se debería levantar un peso o carga superior a 25 kilos en caso de que no hubiera maquinaria para realizar esta labor.

6. Resumen

En el capítulo que ha finalizado se han visto cuáles son las formas de presentar y embalar los textiles, pieles y cueros y la normativa aplicable a la manipulación y conservación de los mismos, analizando los sistemas de etiquetado, por composición y por conservación.

También se ha señalado cómo influye la tasa de humedad legal en las fibras, en su composición y en su peso. Por otro lado se han visto las condiciones y requerimientos que se deben adoptar a la hora de almacenar los distintos materiales en función del espacio y las propias características del material.

Para finalizar se ha analizado la normativa española y europea a la hora de prevenir los accidentes laborales y se han visto las pautas a seguir para prevenir enfermedades y lesiones.

Ejercicios de repaso y autoevaluación

1. Relacione:

a. Hilado.
b. Relleno.
c. Tejido.
d. Algodón.
e. Tafilete.

__ Floca.
__ Hilo.
__ Piel.
__ Fibra.
__ Seda.

2. Completar la siguiente frase.

Los ________________ son aquellos que están compuestos de fibras textiles en al menos un 80% de su peso.

3. De las siguientes frases, indique cuál es verdadera o falsa:

a. Las normas son documentos que contienen especificaciones técnicas, características y otras directrices y criterios con el objetivo de asegurar que los materiales, productos, procesos y servicios sean apropiados a su fin.

- ☐ Verdadero
- ☐ Falso

b. La seda solo se podrá utilizar para denominar la fibra seda que producen los gusanos de seda.

- ☐ Verdadero
- ☐ Falso

c. Es necesario que todos los productos textiles vayan etiquetados.

- ☐ Verdadero
- ☐ Falso

4. El conjunto de símbolos gráficos que deben figurar en la etiqueta se encuentra regulado por la norma...

a. ... UNE-EN ISO 3758: 2005.
b. ... UNE-EN ISO 2258: 2005.
c. ... UNE-EN ISO 1234: 2012.
d. Ninguna de las respuestas anteriores es correcta.

5. Completar la siguiente frase.

De la mayor o menor ________________________ de una piel o tejido depende la capacidad para transpirar del mismo, su resistencia frente al fuego o al calor, etc.

6. Es conveniente guardar o almacenar los tejidos...

a. ... doblados, en una caja a ser posible con bolas de naftalina.
b. ... enrollados en un soporte y protegidos de la luz y la humedad.
c. ... no hace falta guardarlos se pueden dejar por cualquier parte.
d. ... sobre caballetes para evitar que se arruguen.

7. Sopa de letras. Busque siete operaciones manuales con carga.

G	L	Y	N	Z	Z	X	E	A	G	J	K	L	P
D	E	S	P	L	A	Z	A	M	I	E	N	T	O
D	V	U	R	H	I	N	L	Ñ	Z	A	R	R	H
W	A	J	S	R	T	H	K	K	L	W	D	A	H
S	N	E	M	P	U	J	E	G	Y	V	J	C	D
S	T	C	G	S	G	F	H	W	U	O	P	C	M
Y	A	C	O	L	O	C	A	C	I	O	N	I	F
D	M	I	E	O	R	H	W	G	E	A	S	O	S
R	I	O	G	Y	I	M	W	B	V	R	Y	N	K
V	E	N	E	D	T	F	D	P	U	Y	D	O	J
D	N	R	A	P	I	L	A	M	I	E	N	T	O
S	T	U	T	O	R	Y	U	J	U	I	R	J	P
E	O	R	R	E	V	Ñ	B	S	N	A	R	D	G

8. Algunos factores de riesgo que pueden acarrear lesiones en los movimientos con cargas son:

a. Postura inestable.
b. Falta de aptitud física.
c. Carga inestable.
d. Todas las respuestas anteriores son correctas.

9. Relacione:

1. 

2. 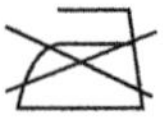

3. 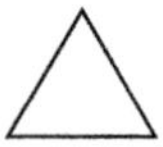

4. 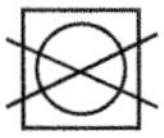

__ No secar a máquina o secadora.
__ Blanqueado cuando sea necesario.
__ No planchar.
__ Lavar a mano.

10. El cuero y las pieles tienen la propiedad de absorber la humedad ambiental. Se dice entonces que son:

a. Hidropésicos.
b. Hipoalergénicos.
c. Higroscópicos.
d. Atópicos.

11. Resolver:

Horizontales:

1. Tirar de algo para moverlo o arrastrarlo.
2. Carro pequeño de mano, generalmente de una sola rueda, con un cajón para poner la carga
3. Objeto susceptible de ser movido.
4. Unidad de medida de peso.
5. Edificio o local donde se depositan mercancías.

Verticales:

1. Máquina para levantar pesos.
2. Extender o estirar.
3. Calzado de cuero que resguarda el pie. En plural.

12. De las siguientes frases, indique cuál es verdadera o falsa:

a. No girar el tronco, agarrar firmemente la carga, elevar la carga pegada al cuerpo y levantar suavemente son actitudes para evitar lesiones al levantar pesos.

- ☐ Verdadero
- ☐ Falso

b. No debe importar que tipo de calzado debe utilizarse para trabajar en almacén.

- ☐ Verdadero
- ☐ Falso

c. Un objeto que pese más de tres kilos ya constituye un riesgo potencial a la hora de levantarlo o moverlo.

- ☐ Verdadero
- ☐ Falso

13. Completar:

________________ tiene unos valores establecidos para cada tipo de tejido o fibra y su conocimiento es básico para los intercambios comerciales en los que es necesario saber el peso de las fibras.

14. Hay un etiquetado que sí es obligatorio para los productos textiles. Es el...

a. ... etiquetado de composición.
b. ... etiquetado de conservación.
c. ... el etiquetado de producción.
d. Ninguna de las respuestas anteriores es correcta.

15. Relacionar:

a. Poliéster.
b. No lavar.
c. No planchar.
d. Fibra sintética.
e. Lejía o blanqueante.
f. Algodón.

__ Composición de los productos textiles.
__ Conservación de los productos textiles.

Bibliografía

Monografías

- ALONSO, C. M., GALLEGO Gil, D. J. y ONGALLO Chanclón, C.: *Psicología social y de las organizaciones. Comportamientos interpersonales.* Madrid: Editorial Dykinson, 2003.

- DE PERINAT, M.: *Tecnología de la confección en piel.* [CD-ROM]. Valencia: Ediciones EDIM, 2011.

- DE PERINAT, M.: *La Materia Prima Textil.* [CD-ROM]. Valencia: Ediciones EDIM, 2011.

- GILABERT, E. J.: *Química Textil. Tomo I. Materias textiles.* Valencia: Universidad Politécnica de Valencia, 2002.

- GILLOW, J. y SANTANCE, B.: *Tejidos del mundo.* Hondarribia: Editorial Narea, 2000.

- KNIGTH, L.: *Manual Práctico de Costura y Tejidos.* Barcelona: Editorial Océano, 2011.

- PALMA Morón, F.: *Operaciones fundamentales en la hilatura de fibras textiles.* Salamanca: Editorial Hesperides, 1994.

- STOREY, J.: *Manual de tintes y tejidos.* Madrid: Hermann Blume, 1989.

Legislación

- Ley 31/1995 de 8 de noviembre de Prevención de Riesgos Laborales.

- Real Decreto 487/1997, de 14 de abril, sobre disposiciones mínimas de seguridad y salud relativas a la manipulación manual de cargas que entrañe riesgos, en particular dorsolumbares, para los trabajadores.

- Real Decreto 668/1980, sobre almacenamiento de productos químicos.

- Real Decreto 928/1987, de 5 de junio, relativo al etiquetado de composición de los productos textiles.

- Real Decreto 1078/1993 por el que se aprueba el Reglamento sobre clasificación, envasado y etiquetado de preparados peligrosos.

- Real Decreto 1078/1993 por el que se aprueba el Reglamento sobre clasificación, envasado y etiquetado de preparados peligrosos.

- Real Decreto 363/1995 por el que se aprueba el Reglamento sobre notificación de sustancias nuevas y clasificación, envasado y etiquetado se sustancias peligrosas.

- Real Decreto 1115/2006, de 29 de septiembre, por el que se modifica el Real Decreto 928/1987, de 5 de junio, relativo al etiquetado de composición de los productos textiles.

- Real Decreto 1523/2007, de 16 de noviembre, por el que se modifica el Real Decreto 928/1987, de 5 de junio, relativo al etiquetado de composición de los productos textiles.

- Orden de 9.3.82. Aprueba la ITC-MIE-APQ-001: Almacenamiento de líquidos inflamables y combustibles.

- Orden de 23 de septiembre de 1985 por la que se establece la normativa para el etiquetado informativo de los productos de peletería y confección en piel.

- Reglamento (UE) N°1007/2011 DEL PARLAMENTO EUROPEO Y DEL CONSEJO de 27 de septiembre de 2011 relativo a las denominaciones de las fibras textiles y al etiquetado y marcado de la composición en fibras de los productos textiles y por el que se derogan la Directiva 73/44/CEE del Consejo y las Directivas 96/73/CE y 2008/121/CE del Parlamento Europeo y del Consejo

- Directiva 90/269/CEE del Consejo, de 29 de mayo de 1990, sobre las disposiciones mínimas de seguridad y de salud relativas a la manipulación manual de cargas que entrañen riesgos, en particular dorsolumbares, para los trabajadores (cuarta Directiva específica con arreglo al apartado 1 del artículo 16 de la Directiva 89/391/CEE).

- Norma ISO 16132012 Características de la piel y cuero usado para el tapizado.

Textos electrónicos, bases de datos y programas informáticos

- Instituto Nacional de la Seguridad e Higiene en el Trabajo. Normativas sobre prevención de Riesgos Laborales, de: <http://www.insht.es>.

- Cueronet. Portal sobre piel y cuero. Información sobre curtidos y todo lo relacionado a la piel y el cuero, de: <http://www.cueronet.com>.

- Portal sobre piel y cuero, de: <http://www.curtidossevillano.com>.

- Portal sobre piel y cuero, de: <http://www.vegacarcer.com>.

- Información sobre textiles, fibras y tejidos, de: <http://www.asesortextil.com>.

- Web de microfotografía, de: <http://www.microlabgallery.com>.

- Portal sobre fibras naturales, de: <http://www.naturalfibres2009.org>.

- Plataforma educativa y de negocios para textil más grande de Latinoamérica, de: <http://www.redtextilargentina.com.ar>.

- Web de textil HITEGA S. A., de: <http://www.hitega.cl>.

- Información sobre productos químicos relacionados con el tema, como barnices, pegamentos, disolventes y productos para curtidurías, de: <http://anderquim.com>.

- Portal líder en negocios e información para la industria manufacturera mundial, de: <http://www.quiminet.com>.

- Barnizados Barbas, empresa dedicada al tratamiento y decoración de la madera, de: <http://www.barnizadosbarbas.com>.

- Canales temáticos, de: <http://www.facilisimo.com>.

- Normativas e información sobre etiquetado. Servicio de creación de empresas, de: <http://www.creacionempresas.com>.

- Normativas e información sobre etiquetado. Comunidad autónoma de Madrid, de: <http://www.madrid.org>.

- Normativas e información sobre etiquetado. ISO (Organización Internacional de Normalización), de: <http://www.iso.org>.

- Normativas e información sobre etiquetado. Boletín oficial del Estado, de: <http://www.boe.es>.